U0199881

# 体制机制改革与碳达峰碳中和问题研究

赵 艾 编著

中国财经出版传媒集团

中国财政经济出版社

图书在版编目（CIP）数据

体制机制改革与碳达峰碳中和问题研究／赵艾编著
. --北京：中国财政经济出版社，2023.3
ISBN 978 - 7 - 5223 - 1997 - 1

Ⅰ.①体…  Ⅱ.①赵…  Ⅲ.①二氧化碳 - 节能减排 -
研究 - 中国  Ⅳ.①X511

中国国家版本馆 CIP 数据核字（2023）第 030279 号

责任编辑：苏小珺          责任校对：张　凡
封面设计：北京兰卡绘世     责任印制：党　辉

体制机制改革与碳达峰碳中和问题研究
TIZHI JIZHI GAIGE YU TANDAFENG TANZHONGHE WENTI YANJIU

中国财政经济出版社 出版
URL：http：//www. cfeph. cn
E - mail：cfeph@ cfeph. cn
（版权所有　翻印必究）
社址：北京市海淀区阜成路甲 28 号　邮政编码：100142
营销中心电话：010 - 88191522
天猫网店：中国财政经济出版社旗舰店
网址：https：//zgczjjcbs. tmall. com
北京时捷印刷有限公司印刷　各地新华书店经销
成品尺寸：170mm×240mm　16 开　12 印张　180 000 字
2023 年 4 月第 1 版　2023 年 4 月北京第 1 次印刷
定价：68.00 元
ISBN 978 - 7 - 5223 - 1997 - 1
（图书出现印装问题，本社负责调换，电话：010 - 88190548）
本社质量投诉电话：010 - 88190744
打击盗版举报热线：010 - 88191661　QQ：2242791300

# 坚持应对气候变化战略定力
# 加速全球绿色低碳转型创新
## （代序）

近年来，气候变化影响加剧，世界各地极端天气频发。亚洲的洪涝、欧洲的河流干涸、非洲的粮食短缺、美洲的缺水和火灾、南北极的冰川消融……越来越多的证据表明，气候危机日趋严峻紧迫，正在影响世界上每一个人。习近平总书记多次指出，应对气候变化是我国可持续发展的内在要求，更是负责任大国应尽的国际义务。"不是别人要我们做，而是我们自己必须要做"。我国一直高度重视应对气候变化、推动实现碳达峰碳中和，并取得一系列成就。党的二十大报告进一步提出，"积极稳妥推进碳达峰碳中和"。这是以习近平同志为核心的党中央统筹国内国际两个大局作出的重大决策部署，为推进碳达峰碳中和工作提供了根本遵循。

一、国际社会亟须合作采取行动应对气候危机

全球气候变化已经从未来的挑战变成眼前的危机。联合国政府间气候变化专门委员会最新发布的第六次评估报告指出，过去50年平均气温为近2000年来最高，二氧化碳排放浓度为过去200万年最高，海平面上升为过去3000年最快，北极海冰为过去1000年最小，冰川退缩为过去2000年最严重。气候危机正给自然界和人类社会带来危险而广泛的损害，全球有33亿—36亿人生活在气候变化高度脆弱的环境中。气候变化是全人类面临的共同挑战，事关人类生存和发展与子孙后代福祉，没有一个国家能够置身事外、独善其身。积极应对气候变化，有效控制温室气体排放，加速绿色低碳转型，实现碳达峰碳中和，不仅是推动我国经济高质量增长、加快生态文明建设的必然要求，也是推动各国共同发展、深度参与全球治理、打

造人类命运共同体的责任担当。

## 二、中国应对气候变化、推进碳达峰碳中和取得显著成效

10 年来，我国成为全球气候治理进程的重要参与者、贡献者和引领者，发挥了重要的、积极的、建设性的作用。我国绿色低碳转型、推进碳达峰碳中和取得显著成效。2012—2021 年，我国以年均 3% 的能源消费增速支撑了平均 6.5% 的经济增长，2021 年单位国内生产总值二氧化碳排放比 2012 年下降约 34.4%，相当于少排放二氧化碳 37 亿吨。煤炭占一次能源消费比重从 2014 年的 65.8% 下降到 2021 年的 56%，年均下降 1.4 个百分点，是历史上下降最快的时期。截至 2021 年底，我国非化石能源占比达 16.6%，新能源累计装机容量达到 11.2 亿千瓦，水电、风电、光伏发电累计装机容量均达到或超过 3 亿千瓦，均居世界第一。可再生能源装机占全球三分之一，全球 50% 以上的风电、85% 以上光伏设备组件来自我国。世界银行报告指出，中国是可在生能源最大投资国，2010—2019 年累计投资近 7600 亿美元，总量居全球第一。我国生态碳汇持续增加。2021 年，我国森林覆盖率达到 24.02%，森林蓄积量达到 194.93 亿立方米，已成为全球森林资源增长最多的国家，未来 10 年我国要再种植 700 亿棵树。截至 2022 年 6 月，我国新能源汽车保有量达到 1000 万辆，占全球一半以上。我国一直以实实在在的行动，为全球应对气候变化作出贡献。

## 三、中国始终坚持积极应对气候变化战略定力

当前，全球面临地缘冲突、经济、金融、能源、粮食、产业链供应链不稳定等多重挑战，一些国家气候政策出现回摆，但我国始终坚持应对气候变化的战略定力，按照既定的目标、方向和节奏，持续推进碳达峰碳中和。为了落实力争 2030 年前碳达峰、2060 年前碳中和目标，形成了碳达峰碳中和"1 + N"政策体系，党中央、国务院已经印发了一系列政策文件和行动方案，包括《关于完整准确全面贯彻新发展理念做好碳达峰碳中和工作的意见》和《2030 年前碳达峰行动方案》等顶层设计文件，以及能

源、节能减排、循环经济、工业、城乡建设、交通运输、农业农村、减污降碳、绿色消费等重点领域碳达峰和绿色低碳转型的实施方案，煤炭、石油天然气、氢能、新型基础设施、钢铁、有色金属、石化化工、建材等行业行动方案，财政支持、价格改革、科技支撑、统计核算、人才培养等支撑保障措施和"一带一路"能源绿色发展方案。这充分说明，我国采取的应对气候变化政策是连续、稳定的，提出的碳达峰碳中和目标是有雄心的，行动是务实的。无论其他国家气候政策是否出现反复，我们都会坚持落实《联合国气候变化框架公约》和《巴黎协定》，持续采取强有力的气候政策和行动，百分之百兑现承诺，积极参与并建设性推进全球气候治理进程。

## 四、中国将百分之百落实碳达峰碳中和目标

党的二十大对碳达峰碳中和工作作出全面部署，提出明确要求。我们将继续深入学习贯彻习近平总书记重要讲话和指示批示精神，全面贯彻党的二十大精神，认真落实党中央、国务院决策部署，建立健全绿色低碳循环发展的经济体系，将碳达峰碳中和纳入生态文明建设总体布局，以经济社会发展全面绿色转型为引领，以能源绿色低碳发展为关键，加快形成节约资源和保护环境的产业结构、生产方式、生活方式、空间格局，坚定不移走生态优先、绿色低碳的高质量发展道路。积极推动落实碳达峰碳中和"1＋N"政策体系，继续通过实实在在的行动和成就，内促高质量发展，外树负责任形象，为全球生态文明建设作出新的更大贡献。按照党的二十大报告提出的"积极稳妥推进碳达峰碳中和"的要求，落实"双碳"目标既要坚定不移，也要稳中求进，关键是以绿色低碳为抓手，加速各领域转型和创新。一是要立足基本国情。考虑到以煤为主的实际情况，抓好煤炭清洁高效利用，加快煤电机组灵活性改造，推进碳捕集、利用和封存示范应用。同时，要发挥我国风光无限的自然资源优势，大力发展可再生能源，优化能源结构，提高一次能源清洁化和二次能源电气化水平。二是要保障能源安全。积极推进能源革命，统筹安全、发展、降碳。深入推进节

能和循环经济，大力提高能源资源利用效率。通过发展储能、智能电网，既提高电网安全性、稳定性，又增加新能源供给、消纳能力。三是要加速转型创新。狠抓能源、工业、交通、建筑、碳汇、非二氧化碳等各领域绿色低碳技术攻关，加快先进技术推广应用。完善相关体制机制，优化能耗"双控"实施，逐步实现能耗"双控"向碳排放总量和强度"双控"转变，形成有利于绿色低碳转型创新激励约束机制。

## 五、积极参与全球气候治理与碳达峰碳中和国际合作

2015年达成的《巴黎协定》奠定了2020年后全球气候行动与绿色低碳转型的制度安排。2022年，《联合国气候变化框架公约》第二十七次缔约方大会（COP27）聚焦落实和行动，达成了加强《联合国气候变化框架公约》和《巴黎协定》实施的一系列计划，释放了坚持多边主义、加强应对气候变化国际合作、加速全球低碳转型创新的积极信号。会议就减缓、适应等《巴黎协定》实施重点议题作出进一步安排，有助于在21世纪20年代全面有效实施《巴黎协定》、强化气候行动力度。会议还决定建立专门的损失与损害基金，积极回应了一些发展中国家的迫切诉求。但发达国家仍未能兑现其每年向发展中国家提供1000亿美元气候资金的承诺，全球适应资金翻倍的路线图仍不明朗，全球气候治理仍任重道远。2023年是多边进程的大年，《巴黎协定》将迎来关于全球实施情况的首次盘点，并结合盘点结果，就各方未来提高行动力度、加强国际合作作出进一步安排。我国将继续加强与主要国家、国际组织在气候变化与碳达峰碳中和领域的政策对话与务实合作；将继续通过"南南合作"为其他发展中国家，特别是小岛国、最不发达国家、非洲国家发展可再生能源、提高适应能力提供力所能及的帮助；将继续与有关各方合作共建绿色"一带一路"；将继续支持主席国、联合国、气候公约秘书处推动《联合国气候变化框架公约》第二十八次缔约方大会（COP28）取得成功，与国际社会一道推动构建公平合理、合作共赢的全球气候治理体系。

中国经济体制改革研究会是研究深化改革、扩大开放和创新发展的国

家级智库，成立 39 年来，始终围绕党中央重大决策部署和国家大政方针建言献策，研究提出一系列具有开拓性和前瞻性的意见和建议供中央决策参考。近年来，从生态体制机制改革入手，组织开展了推动实现碳达峰碳中和的系列研究。赵艾同志作为中国经济体制改革研究会的常务副会长兼秘书长，牵头对绿色低碳问题进行了认真研究和深入思考，形成一系列研究成果。本书收录了赵艾同志关于绿色低碳问题的部分演讲材料、牵头的课题研究成果等，涉及深化体制机制改革、推动实现碳达峰碳中和，碳达峰碳中和的路径研究，气候投融资助力产业结构转型升级、服务碳达峰目标政策研究，以及推进碳达峰的地方案例等方面。既有围绕中央决策部署和国家大政方针的学习认识，又有理论联系实际对我国推进碳达峰碳中和的制度建设、实现路径方面的具体见解和政策建言，很多观点既有理论指导性，又有较强的现实针对性。

希望本书的出版，能为读者更多了解推动实现碳达峰碳中和提供有益参考。

中国气候变化事务特使

2022 年 11 月 26 日

# 前  言①

推进碳达峰碳中和是党中央经过深思熟虑，对国际社会的庄严承诺，也是构建新发展格局，推动高质量发展的内在要求。党的二十大报告强调，要积极稳妥推进碳达峰碳中和。

## 一、积极推进碳达峰碳中和，坚定不移走生态优先、绿色低碳之路

实现碳达峰碳中和，首先是积极。党的二十大报告指出，中国式现代化是人与自然和谐共生的现代化。推动绿色发展，促进人与自然和谐共生，是全面建设社会主义现代化国家的内在要求。要站在人与自然和谐共生的高度谋划发展。到 2035 年，广泛形成绿色生产生活方式，碳排放达峰后稳中有降，生态环境根本好转，美丽中国目标基本实现。

实现碳达峰碳中和时间紧、任务重。从国际上看，目前大多数发达国家的碳排放已经达峰并进入下降通道，而我国从发展阶段和发展进程看，碳排放还处在增长阶段。我国实现碳达峰只有 7 年多一点时间，从碳达峰目标到碳中和目标之间只有 30 年的时间，可以说面临着非常艰巨的任务。多年来，我国在实践中积极推进绿色低碳发展，在节能减排方面作出巨大努力。特别是党的十八大以来，我国贯彻新发展理念，坚定不移走生态优先、绿色低碳发展道路，着力推动经济社会发展全面绿色转型，取得了显

---

① 本文为作者 2022 年 11 月 7 日在第五届中国国际进口博览会上举办的第二届碳中和国际实践大会上做的题为《深化改革开放，积极稳妥推进碳达峰碳中和》演讲稿整理而来，代为前言。

著成效。近两年，"双碳"工作开局良好，各方面进展好于预期，但任重道远，必须继续以积极的认识和实践，毫不动摇地推进相关工作。"积极"的重点概括起来在6个方面。

一是积极推动碳达峰碳中和"1＋N"政策体系有关部署落实。《关于完整准确全面贯彻新发展理念做好碳达峰碳中和工作的意见》和《2030年前碳达峰行动方案》两个顶层设计文件，明确了碳达峰碳中和工作的时间表、路线图、施工图，这是"1"。"N"是重点领域、重点行业实施方案及重点支撑保障方案三个方面。重点领域包括能源、工业、城乡建设、交通运输、农业农村等；重点行业包括煤炭、石油天然气、钢铁、有色金属、石化化工、建材等；重点支撑保障包括科技支撑、财政支持、统计核算、人才培养等。此外，要加强统筹协调，推动能耗双控向碳排放双控转变，对碳达峰碳中和进行综合评价和考核。

二是积极推动能源绿色低碳转型。要立足以煤为主的基本国情，促进煤炭清洁高效利用。把促进新能源和清洁能源发展放在更加突出的位置，传统能源逐步退出要建立在新能源安全可靠的替代基础上，推动新旧能源有序替代，牢牢守住国家能源安全底线，有效保障能源安全。

三是积极推进产业优化升级。加快发展高附加值的战略性新兴产业，推动传统产业节能降碳改造，坚决遏制高耗能、高排放、低水平项目盲目发展，加快推进工业领域低碳工艺革新和数字化转型。

四是积极推进建筑、交通等领域低碳转型。积极发展绿色建筑，推进既有建筑绿色低碳改造。加大力度推广节能低碳交通工具，倡导绿色出行。

五是积极提升生态系统碳汇能力。坚持"绿水青山就是金山银山"理念，开展山水林田湖草沙一体化保护和修复，科学推进大规模国土绿化行动。

六是积极推进绿色低碳科技创新。完善绿色低碳技术创新体系，加快关键核心技术攻关，鼓励先进适用技术示范推广。强化"双碳"领域人才培养，加强专业技能人才队伍建设。

此外，要积极推进绿色低碳农业、绿色低碳生活方式等。

实现碳达峰碳中和，事关人与自然和谐共生，事关中国式现代化，事关全面建设社会主义现代化国家，事关中华民族永续发展，事关构建人类命运共同体，因此，要毫不动摇、坚持不懈积极推进碳达峰碳中和。正像习近平总书记多次强调的，"不是别人让我们做，而是我们自己必须要做"。

## 二、稳妥推进碳达峰碳中和，必须统筹考虑、有序进行

要正确认识和把握碳达峰碳中和的进程和力度。2030 年前实现碳达峰，2060 年前实现碳中和，意味着我国作为世界上最大的发展中国家，将完成全球最高碳排放强度降幅，用全球历史上最短的时间实现从碳达峰到碳中和，实属不易。这是一场硬仗，是一项复杂工程和长期任务，不可能一蹴而就、毕其功于一役。从国际上看，乌克兰局势加剧了国际能源市场供需失衡，部分欧洲国家开始重启煤电，全球"双碳"进程面临着诸多不确定因素。因此，必须立足客观实际，保持战略定力，坚持底线思维，科学把握节奏，循序渐进、久久为功，规避风险、应对挑战，统筹考虑碳达峰碳中和所涉及的方方面面。既要积极，更要稳妥。总的来讲，要处理好发展和减排、降碳和安全、破和立、整体和局部、短期和中长期等多方面多维度关系。概括起来，重点处理好以下三方面关系。

一是处理好发展和减排的关系。党的二十大报告指出，高质量发展是全面建设社会主义现代化国家的首要任务。发展是党执政兴国的第一要务。没有坚实的物质技术基础，就不可能全面建成社会主义现代化强国。发展自然会有大量的碳排放，但不能因为强调发展就不考虑节能减排、绿色低碳。同样，不能因为强调减少碳排放就不发展、放慢发展或牺牲发展。减排不是减生产力，也不是不排放，而是要走生态优先、绿色低碳发展道路，在经济发展中促进绿色转型，在绿色转型中实现高质量发展。主观主义、行政命令为达峰而达峰，为大幅压指标而搞"碳冲锋"，运动式"减碳"，简单粗暴"一刀切"拉闸限电，关停企业等都影响和伤害发展，

不是我们所要的减排，也背离了碳达峰碳中和的初衷和目标。妥善处理发展和减排的关系，要坚持统筹谋划，在降碳的同时确保经济增长和能源安全、产业链供应链安全、粮食安全，确保群众正常生活。

二是处理好整体和局部的关系。整体就是全局，就是大局。局部必须服从整体。国家管全局，负责总体。在国家层面，要加强顶层设计，统筹协调碳排放总量控制指标分配，着力建立完善与新发展格局相适应的绿色低碳发展制度体系。同时，要充分考虑局部的利益和诉求，有效激发局部内生动力，使局部遵循"各尽所能"和"共同而有区别的责任"两个基本原则。既要增强全国一盘棋意识，加强政策措施和减碳行动的衔接协调，确保形成合力，又要充分考虑局部差异，根据每个地区资源禀赋、经济发展程度、产业布局状况等实际情况，分类、分层次精准施策并确定符合实际的目标和时间进度。因此，实现碳达峰碳中和，从局部看，必然是有先有后，一些地方因条件较好可能会率先达峰。不同的地方采取的减排路径、达峰的时间节点等也会有差别。所以，要推进差别化、包容式的协调发展和协调减排。那种自上而下、层层分解任务并强制推行的行政手段绝不可取，也不能相互攀比，急于求成，不能不切实际、盲目压缩碳达峰碳中和时间。

三是处理好短期目标和中长期目标的关系。实现碳达峰碳中和，必须统筹考虑，系统谋划短期目标和中长期目标。既要制定远景目标和中长期规划，又要妥善安排阶段性短期目标。中长期规划发挥引领作用，短期目标有利于解决一个个具体实际问题。短期目标的落实和中长期目标的追求不能脱节。实现碳达峰碳中和，既要立足当下，一步一个脚印解决具体问题，积小胜为大胜，又要放眼长远，从经济社会发展全局、从建设社会主义现代化国家的大局，乃至从国际角度整体考虑和设计，这样才能把握好先达峰后中和的节奏和力度，实事求是，循序渐进，持续发力。

当前，我国经济工作的总方针是稳中求进，推进碳达峰碳中和也必须坚持稳中求进，既要积极，又要稳妥。

### 三、深化改革是推进碳达峰碳中和的不竭动力

实现碳达峰碳中和是一场影响广泛而深刻的经济社会系统性变革。实现"双碳",意味着全面重塑我国的经济结构、能源结构、生产方式和生活方式,不是轻轻松松就能实现的。因此,"双碳"不再是气候变化问题,也不仅仅是经济问题,而是触及权力利益及其格局调整的体制机制改革问题。党的二十大报告指出,要立足我国能源资源禀赋,坚持先立后破,有计划分步骤实施碳达峰行动。先立后破,立什么,破什么,必须靠改革。改革是决定当代中国前途和命运的关键一招,也是从根本上积极稳妥解决"双碳"问题的关键一招。

党的二十大把深入推进改革创新,着力破解深层次体制机制障碍,作为全面建设社会主义现代化国家必须牢牢把握的重大原则之一。实现"双碳"先立后破的改革,就是要破解生态文明建设中的深层次体制机制障碍。具体来讲,先立后破的改革,要把握三个方面:

第一,把握好先立后破的改革方向。深化生态文明建设体制机制改革,要以习近平生态文明思想为指导,坚持"绿水青山就是金山银山"理念,加快构建生态优先、绿色低碳发展体系,提高绿色低碳发展治理体系和治理能力现代化水平。要坚持政府主导,企业主体、社会组织和公众共同参与的"双碳"治理体系。注重综合治理、系统治理、源头治理,加快构建"双碳"一体谋划、一体部署、一体推进、一体考核的制度机制。夯实政府主体责任,建立碳达峰碳中和目标任务落实情况的督察、综合考核体系,充分发挥考核"指挥棒"作用,提升治理效能。

第二,把握好先立后破的改革着力点。改革必须完整、准确、全面贯彻新发展理念,重点处理好两方面关系。一是政府和市场的关系。正确处理政府和市场的关系,是经济体制改革需要处理好的最基本的关系,也是生态文明建设体制机制改革需要处理好的最重要的关系。核心问题是使市场在资源配置中起决定性作用和更好发挥政府作用,推动有效市场和有为政府更好结合,重在健全资源环境要素市场化配置体系。二是中央和地方

的关系。处理好中央政府和地方政府的经济关系，是大国经济治理的一个难题。从生态文明建设实现先立后破的角度看，重在正确处理中央和地方在财权与事权上的划分，国家利益和地方利益、部门利益的调配，中央和地方两个积极性的调动，建立统一大市场与打破市场地域分割封锁等方面的关系。中央主要搞好顶层设计和全局性部署，地方主要结合当地实际制定具体行动方案并明确责任、推动落实。要处理好顶层设计、系统谋划和高效有序落实的关系，建立部门协同、上下联动的工作联动机制。

第三，聚焦先立后破的改革重点任务。要推动落实以下重点任务：一是深化电力体制改革，推动能源结构转型，构建以新能源为主体的清洁低碳、安全高效的新型能源体系和更具包容性、灵活性，促进绿色低碳发展的电力市场。二是深化科技体制改革，加强绿色低碳技术创新，建立完善绿色低碳技术评估、交易体系和科技创新服务平台。三是深化市场与监管机制改革，全面提升市场主体效率，激发市场主体活力，着力构建与实现碳达峰碳中和相适应的市场体系；加强碳中和监管机制改革建设，创新碳排放考核监管体系，强化监管落实，创造良好发展环境。四是深化相关立法进程和标准体系建设改革，强化"双碳"目标约束和相关制度法治化保障，推进工业、建筑、交通等领域清洁低碳转型，加快建立碳排放总量和强度"双控"制度，完善全国碳市场建设，推动实施配额有偿分配，出台有利于绿色低碳发展的价格、财税、金融政策等，引导绿色低碳转型。

### 四、高水平开放是实现碳达峰碳中和的必由之路

开放是当代我国的鲜明标识，毫无疑问，也是推进碳达峰碳中和的鲜明标识。党的二十大报告强调，我国坚持对外开放的基本国策，坚定奉行互利共赢的开放战略。坚持高水平对外开放，加快构建以国内大循环为主体、国内国际双循环相互促进的新发展格局。习近平总书记在第五届中国国际进口博览会开幕式视频致辞中也强调，开放是人类文明进步的重要动力，是世界繁荣发展的必由之路。推进碳达峰碳中和，必须始终走开放之路。

一是加强国际合作，充分融入国际国内两个循环。在世界百年未有之大变局加速演进、世界经济复苏动力不足、经济全球化不确定因素增多的背景下，解决气候变化、"双碳"问题，不可能关起门来进行，必须统筹国内国际两个大局，充分利用国内国际两个市场、两种资源，增强国内国际两个市场、两种资源联动效应，不断加强、加深国际交流合作，才能真正取得实效，适应构建新发展格局、实现高质量发展的要求。

二是加强对话交流，把握解决气候变化、"双碳"问题的国际话语权。2021年在英国格拉斯哥举行的《联合国气候变化框架公约》第二十六次缔约方大会就《巴黎协定》实施细则达成共识，我国发挥了重要作用。刚刚在埃及沙姆沙伊赫召开的第二十七次缔约方大会，我国依然发挥着举足轻重的作用。事实表明，开放交流，积极与各方沟通，才能让世界读懂并接受在气候变化、碳达峰碳中和方面的中国智慧和中国方案，才能为全球实现《巴黎协定》规定的目标注入强大动力，维护我国的主渠道地位，推进构建人类命运共同体、共建清洁美丽世界。

三是加强磋商谈判，参与和引领全球气候治理。有效应对全球气候变化，参与全球治理，必须以积极的开放姿态参与全球气候谈判和国际规则制定，坚持共同但有区别的责任原则、公平原则和各自能力原则，在履行应对气候变化国际义务的同时，推动构建公平合理、合作共赢的全球气候治理体系。切实维护包括我国在内的发展中国家的发展权益。深化应对气候变化"南南合作"，扎实推进绿色"一带一路"建设，支持发展中国家能源绿色低碳发展。

四是加强商务往来，共享应对气候变化和绿色低碳发展的市场商机。我国推进碳达峰碳中和为包括我国企业在内的全球企业，尤其跨国公司提供了巨大商机。我国是个大市场，应对气候变化和绿色低碳发展，有利于国内外各类企业发挥自身优势，拓展合作空间，挖掘合作潜力，携手开拓市场，实现合作共赢。首先是引进与开发低碳、零碳、负碳先进技术的商机；其次是绿色低碳贸易与投资的商机；最后是开展第三方市场合作的商机。我国也是履行国际义务的大国，我国对发展中国家绿色低碳发展的支持和共建绿色"一带一路"的努力也在全球范围创造出巨大商机。

党的二十大为新时代新征程中国式现代化指明了新方向，提供了新遵循，也为实现碳达峰碳中和揭开了新的一页。坚持深化改革开放，为先立后破解决好体制机制问题，就一定能把积极稳妥推进碳达峰碳中和的部署贯彻好、落实好。

作者
2022 年 12 月

# 目 录

# 第一章　深化体制机制改革，
# 推动碳达峰碳中和

## 第一节　改革是实现碳达峰碳中和的关键推动力

2020年9月，中国向世界宣布了2030年前实现碳达峰、2060年前实现碳中和的目标。碳达峰碳中和是党中央经过深思熟虑作出的重大战略决策，只有纳入生态文明建设整体布局，才能推动经济社会绿色转型和系统性深刻变革。课题组认为，推进碳达峰碳中和要全面把握处理好政府与市场、中央与地方、国内与国外以及发展和减碳的关系。

### 一、碳达峰碳中和：经济社会的系统性变革

由二氧化碳等温室气体排放引起的全球气候变化已经成为全人类需要面对的重大挑战之一。科学界和各国政府对气候变化问题正在形成更加明确的共识，即气候变化会给全球带来灾难性的后果，世界各国应该行动起来减排温室气体以减缓气候变化，到21世纪中叶实现碳中和是全球应对气候变化的最根本的举措。

为实现全球"零碳未来"的愿景，各国都在积极采取行动。根据PBL挪威环评机构的数据，2018年全球温室气体排放量约为556亿吨二氧化碳当量，增速为2%，碳排放量前五的国家排放了全球62%的温室气体，依

次为中国（26%）、美国（13%）、欧盟27国（8%）、印度（7%）和俄罗斯（5%）。截至2020年底，已有100多个国家或地区提出了碳中和承诺，占全球二氧化碳排放量65%以上和世界经济70%以上。其中，英国2019年6月27日新修订的《气候变化法案》生效，成为第一个通过立法形式明确2050年实现温室气体"净零排放"的发达国家。美国特朗普政府退出了《巴黎协定》，但新任总统拜登在上任第一天就签署行政令让美国重返《巴黎协定》，并计划设定2050年之前实现碳中和的目标。

我国从20世纪90年代初签署《联合国气候变化框架公约》开始，一直在努力实现低碳发展。和1990年相比，2020年单位国内生产总值的二氧化碳排放强度降幅超过90%。煤炭在一次能源中所占的比例，从1990年的76.2%下降到2020年的57.7%。非化石能源占比稳步上升，到2019年已超过15%。减碳也促进了PM2.5浓度的大幅降低。从2013年开始，国家大幅度推进治理大气污染行动，先后推行了《大气污染防治行动计划》《打赢蓝天保卫战三年行动计划》，通过8年的努力，与2013年相比，2020年全国300多个城市PM2.5的平均浓度下降了46%。

2020年9月22日，我国首次向全球明确了实现碳中和的时间表。作为2019年全球碳排放总量占比最高的国家，我国对碳中和的承诺是全球应对气候变化进程中的里程碑事件，是构建人类命运共同体的重要基础，是一场广泛而深刻的经济社会系统性变革，体现大国责任，具有重大和深远的意义。

## 二、我国实现碳中和目标面临的四大挑战

虽然相较于欧洲和日韩等国家承诺2050年实现碳中和，我国所宣布的碳中和目标年份晚了10年，但是大多数发达国家更早实现了工业化和城市化，碳排放已经达峰并进入下降通道，而我国碳排放还处在增长阶段。我国从碳达峰目标到碳中和目标之间只有大约30年的时间，因此面临着更大的挑战。

**（一）挑战之一：高碳的能源结构**

从能源供给侧看，碳中和目标要求能源供给结构以低碳能源为主。据国家统计局数据显示，2019 年我国一次能源消费中化石能源占比约为 85%，与全球平均水平相当，但受资源禀赋影响，化石能源中碳排放因子最高的煤炭消费占比高达 58%，显著高于全球平均水平。2017 年，我国终端能源消费中，化石能源占比约为 70%，与全球平均水平相当，电力占比约为 23%，超过全球平均水平，但电力结构中燃煤发电占比超过 60%，远高于全球平均水平和发达国家水平。要在 2060 年前实现碳中和目标，必须进一步加大能源结构调整力度，加快发展低碳能源，显著优化能源结构，大幅提高电气化水平，实现能源结构重塑目标。

**（二）挑战之二：高碳的产业结构**

从能源需求侧看，碳中和目标要求所有能源消费部门深度脱碳。提高各领域和全社会能源利用效率，合理控制能源消费总量，是减少能源相关二氧化碳排放的关键举措。当前，我国能源消费量接近全球的四分之一，但国内生产总值只占全球的 16%，单位国内生产总值能耗是美国的 22 倍、德国的 30 倍、日本的 27 倍，说明我国整体能源利用效率与发达国家相比还存在明显差距。单位国内生产总值能耗不仅与各领域节能技术水平相关，还与三次产业结构和产业内部结构相关，且后者对未来降低单位国内生产总值能耗的作用将越发凸显。受发展阶段所限，当前我国第二产业比重仍接近 40%，工业能耗占比高达 66%，其中高耗能工业占比超过 74%。2060 年前要实现碳中和目标，亟须加快调整产业结构，大力推广节能技术，深度挖掘工业、建筑、交通等部门节能潜力，提升能源利用效率，推动能源消费总量得到合理控制。

**（三）挑战之三：绿色低碳技术创新不足**

从技术创新能力和推广看，实现碳中和目标的核心支撑是节能和清洁能源技术的创新与推广。目前，我国能源科技水平与世界科技强国之间的能源加速转型要求相比，还有较大上升空间，表现在：关键技术研发以引进、消化和吸收为主，前沿性、原创性研发成果不足；部分核心技术、装备、零部件、材料等仍受制于人；产学研结合不够紧密，部分创新活动与产业发展和市场需求脱节；企业创新主体地位不够突出，创新能力较弱，创新动力不足，研发投入占比普遍较低；鼓励技术创新和成果转化的体制机制有待完善等。要在2060年前实现碳中和的目标，亟待进一步提升对技术创新的重视程度，加快能源技术研发、产业化、示范和推广，为加速推进能源转型提供强有力的核心技术和装备支撑。

（四）挑战之四：中高速的发展阶段对能源需求大

从发展阶段看，我国经济增速仍将远高于发达国家，能源需求尚未达峰。我国在未来碳中和路径中面临的最大的宏观挑战是经济增长仍将保持较高的速度，但能源需求难以很快见顶。根据国际货币基金组织（IMF）的研究，发达国家目前平均经济增速为1%—2%，而中国更高的经济增速（5%以上）还将维持较长时间，经济增长也将带来能源需求总量上涨。根据国家统计局数据，2019年，我国一次能源消费总量达48.7亿吨标煤，同比增长3.3%。同时，我国人均能源消费仍有较大的提升空间。2019年，我国人均一次能源消费量约为经合组织（OECD）国家的一半，人均用电量是OECD国家的60%。此外，中国的用电结构尤为特殊，工业用电占比达到67%，而OECD国家的工业、商业、居民用电分布较为均衡，占比分别为32%、31%、31%。若比较人均居民用电量，我国仅为OECD国家的29%，显著偏低。随着现代化和城镇化进程的推进，居民生活水平逐步向发达国家看齐，居民用电需求仍将迎来大幅增长。

## 三、改革是实现碳达峰碳中和的关键推动力

我国到2030年、2060年分别实现碳达峰、碳中和的目标，时间紧迫，

任务艰巨，涉及政府治理、市场引导、政策激励、技术创新等多方面的体制机制问题，体制机制改革创新，对实现碳达峰碳中和意义重大。改革是决定当代中国命运的关键一招，是构建新发展格局的关键一招，也是实现碳达峰碳中和的关键一招。

关于改革作为关键一招，习近平总书记多次阐述过。在 2018 年 12 月 18 日庆祝改革开放 40 周年大会上的重要讲话中，习近平总书记指出，40 年的实践充分证明，改革开放是党和人民大踏步赶上时代的重要法宝，是坚持和发展中国特色社会主义的必由之路，是决定当代中国命运的关键一招，也是决定实现"两个一百年"奋斗目标、实现中华民族伟大复兴的关键一招。在 2020 年 8 月 24 日召开的经济社会领域专家座谈会上，习近平总书记强调，改革是解放和发展社会生产力的关键，是推动国家发展的根本动力。要以深化改革激发新发展活力。在 2021 年 2 月 19 日中央全面深化改革委员会第十八次会议上，习近平总书记指出，要发挥全面深化改革在构建新发展格局中的关键作用。

打赢碳达峰碳中和硬仗靠改革。2021 年 3 月 15 日，习近平总书记主持召开的中央财经委员会第九次会议强调，实现碳达峰碳中和是一场硬仗，也是对我们党治国理政能力的一场大考。4 月 30 日，习近平总书记在主持中共中央政治局第二十九次集体学习时强调，实现碳达峰碳中和是我国向世界作出的庄严承诺，也是一场广泛而深刻的经济社会变革，绝不是轻轻松松就能实现的。为什么是硬仗、是大考？因为，我国作为世界第二大经济体和最大的发展中国家，目前仍处于工业化和城市化发展阶段中后期，能源总需求一定时期内还会持续增长。从碳达峰到碳中和，发达国家有 60 年到 70 年的过渡期，而我国只有 30 年左右的时间。这意味着，我国温室气体减排的难度和力度都要比发达国家大得多。打赢这场硬仗，通过这次大考，要做的事情很多，但改革依然是关键一招，必须发挥全面深化改革，特别是生态建设体制机制改革的关键性作用。

育新机、开新局靠改革。"十四五"是碳达峰的关键期、窗口期，2021 年又是开局之年，实现碳达峰碳中和不仅是场硬仗，还面临着极为复杂多变的内外部环境，说危机随时可见、挑战十分严峻并不为过。2020年9月22日，习近平总书记在第七十五届联合国大会一般性辩论上宣布，中国的二氧化碳排放力争于2030年前达到峰值，努力争取2060年前实现碳中和。这不仅是推动构建人类命运共同体的责任担当，还是实现可持续发展的慎重承诺，更是一种经过深思熟虑的胆略和魄力。我们经常说"当今世界"，当今世界是什么样的世界？从国际看，是百年变局与全球疫情相互交织，不确定、不稳定因素更多的世界；从国内看，我国正处在构建新发展格局、转变发展方式、优化经济结构、转换增长动力的攻关期，结构性、体制性、周期性问题相互交织叠加，发展不平衡不充分问题仍然十分突出。在这种形势下，作出"3060"重大决策，面临的风险与挑战可想而知。如何规避风险、应对挑战，在危机中育新机、于变局中开新局，关键还是在于从生态文明建设整体布局出发考虑问题，推动生态文明建设体制机制的改革创新。

## 四、为实现碳达峰碳中和，深化体制机制改革的重点任务

改革，首先要进一步解放思想，确立绿色发展新思想。其次，要预见发展未来动向，把握碳达峰碳中和发展态势，掌握改革正确的方向，有的放矢，更有效、更高效地推进碳达峰碳中和。最后，要创新驱动。实现碳达峰碳中和要依靠体制机制创新。用体制机制创新促进科技创新，驱动碳达峰碳中和进程；用体制机制创新推动低碳化生活理念和行为习惯的形成；用体制机制创新推动低碳化数字产业加速形成，实现农业低碳化、工业低碳稳态发展，加快低碳产业发展。

体制机制改革要推动落实以下重点任务：

第一，坚持党的统一领导，加强顶层设计和系统谋划。坚持党的统一领导，强化高效有序的碳达峰碳中和工作联动机制，加强碳达峰碳中和顶层设计，制定2030年前碳达峰行动方案和能源、钢铁、石化化工、建筑、

交通等行业和领域实施方案，完善价格、财税、金融、土地、政府采购、标准等保障措施，系统谋划、系统部署、系统推进，形成部门协同、上下联动的良好工作格局。

第二，深化电力体制改革，推动能源结构转型，构建清洁低碳、安全高效能源体系。根据国家电网统计，我国碳排放主要集中在三大领域：电力（41%）、建筑和工业（31%）、交通（28%）。电气化是碳中和的核心，而电力的绿色转型是实现碳中和的基础。因此，需要严控煤电项目，实施可再生能源替代行动，加快发展风电、太阳能发电，积极稳妥发展水电、核电，大力提升储能和调峰能力，构建以新能源为主体的新型电力系统，以及更具包容性、灵活性和促进绿色低碳发展的电力市场。

目前，我国一次能源消费仍然以化石能源为主，煤炭、石油、天然气累计占能源总消耗的84.2%（分别为56.8%、19.3%、8.1%），石油、天然气对外依存度很高。因此，改革能源体制机制，要大力发展非化石能源，如水能、风能、太阳能。2019年，我国水能、风能、太阳能发电装机容量占国际比重分别为30.1%、28.4%和30.9%，2008—2018年年均增速（分别为6.5%、102.6%、39.5%）均超过国际平均水平（分别为2.5%、46.7%、19.1%），将大大改善我国能源结构，减少对化石能源的依赖，增加能源安全性。

第三，深化工业、建筑、交通等领域体制机制改革，推进产业结构优化调整。工业部门近一半的碳排放来自生产水泥、钢铁、合成氨、化工等，碳中和目标下需要大力淘汰落后产能，化解过剩产能，遏制"两高"项目盲目发展。加快工业绿色低碳改造和数字化转型，提升建筑领域节能标准。加快形成绿色低碳运输方式。

第四，深化科技体制改革，加强绿色低碳技术创新。通过科技领域体制改革，推动绿色低碳技术实现重大突破，加快推广应用减污降碳技术。加快建设一批国家科技创新平台，布局一批前瞻性、战略性低排放技术研发和创新项目，加强能效提升、智能电网、高效安全储能、氢能、碳捕集利用与封存等关键核心技术研发，加快低碳零碳负碳技术发展和规模化应用。建立完善绿色低碳技术评估、交易体系和科技创新服务平台。

第五，推动体制机制改革，完善市场与监管机制。加快碳达峰碳中和市场机制创新发展，进一步加大金融服务市场改革，扩大碳中和业务领域的对外开放，推进低碳产品认证、绿色建筑认证、产品碳标签、碳交易市场建设，拓展资金来源，全面提升市场主体效率，激发市场主体活力，着力构建与实现碳达峰碳中和相适应的市场体系。加强碳中和监管机制改革建设，创新碳排放考核监管体系，强化监管落实，为碳中和工作开展创造良好的发展环境。

第六，通过体制机制改革推动绿色产品制造和出口，打破"碳封锁"和"碳壁垒"。随着以绿色技术、绿色产品、绿色供应链为特征的绿色经济全球化，低碳产品和服务的全球竞争会日益激烈，美国等西方国家已开始考虑征收碳关税，对所有不符合欧美排放标准的产品和服务进入市场时征收。如果我们能大幅度降低出口产品和服务的"碳"含量，提高绿色低碳产品和服务出口占总出口贸易的比重，将可以有效应对竞争，规避风险，大大增加我国在国际贸易中的优势和话语权。

第七，强化绿色生态创新发展，巩固提升生态系统碳汇能力。强化国土空间规划和用途管控，有效发挥森林、草原、湿地、海洋、土壤、冻土的固碳作用，提升生态系统碳汇增量。

第八，加快扶持低碳新产业发展。在农业稳定、工业稳步的实体经济发展的前提下，与时俱进，谋篇布局低碳新产业，如信息产业、数字产业、未来智能产业的发展。制定鼓励、扶持政策，促进其发展，做好相应信息系统，把握发展态势。

## 五、碳达峰碳中和体制机制改革需重点处理好四大关系

### （一）处理好政府与市场的关系

正确处理政府和市场的关系，是经济体制改革需要处理好的最基本的

关系，也是实现碳达峰碳中和体制机制改革需要处理好的最重要的关系。

1. 加快完善碳中和有为政府建设

一是深化政府碳中和机构改革建设。在碳达峰碳中和工作中，应充分发挥我国的制度优势，进一步完善碳中和工作领导机制建设，通过工作机制的建设完善，加强统一管理、强化综合协调决策机制，减少多头管理，避免政出多头，形成职能科学、结构优化、管理有效的政府碳中和工作管理组织。

二是完善政府碳中和工作顶层设计。在碳中和的过程当中，政府制度和政策的进一步明晰非常重要，因此要发挥好政府"掌舵者"角色，做好地方碳达峰碳中和行动方案，完善政策激励制度，加快地方应对气候变化立法，建立政府管理工作标准和考评标准等，从而建立清晰的地方碳达峰碳中和工作分阶段目标，规范政府在碳达峰碳中和工作中的行为，推进政务服务标准化、规范化、便利化，实现碳中和工作有法可依、有章可循、有标可对，提升科学规范管理水平。

三是强化政府碳中和服务体系发展。强化政府简政放权、深化"放管服"改革是我国国家治理体系和国家治理能力现代化发展的建设需求。在碳中和工作中，加强服务型政府建设，提升政府服务效率，有利于推动碳中和工作开展，加快推进碳中和目标的落实。

四是创新政府碳中和监管体制机制。加强政府碳中和监管体系建设，需要重点开展能源"双控"目标监管，创新碳排放目标考核监管，实施碳排放配额管理，发布企业碳排放负面清单，发布碳排放服务机构负面清单，强制环境信息披露，开展重大影响事项管控，引入媒体监管等工作，健全重大政策事前评估和事后评价制度，畅通参与政策制定的渠道，提高决策科学化、民主化、法治化水平，在不束缚市场经济发展活力的条件下，创新监管体系，强化监管落实，为碳中和工作开展创造良好的发展环境。

2. 积极推进碳中和有效市场培育

一是充分激发碳中和市场活力。在碳中和领域，建立更加公平、开放、透明的市场规则，提升市场活力，下大力气在碳中和不同时期开展碳中和市场的痛点、难点、堵点问题的分析，并制定相应对策，补齐营商环境短板，纾解痛点、难点、堵点。例如，通过开展绿色产品补贴、加大公共机构绿色产品采购、加大绿色新技术研发扶持、创新产品碳税制度等方式，确保绿色产品、技术在市场中享有公平的竞争环境；通过公开的碳配额管理制度、碳市场交易机制等，推动市场主体在同一标准、同一要求下，开展碳中和建设，利用市场机制，实现优胜劣汰；通过在低碳产品认证、合同能源管理、碳排放第三方核证、绿色建筑认证等领域，严格限制政府参与市场活动的范围，采取社会监督、违规严惩的方式培育和维护第三方信用。

二是加大金融服务低碳的市场化改革。实现碳中和需要 100 万亿—300 万亿人民币的绿色投资，根据业内行业估算，2021—2060 年，每年绿色投融资缺口约为 1 万亿元以上。政府每年对绿色生态行业所投放的资金，只能覆盖整个绿色投融资金需求很小的一部分。因此，需要加大金融服务市场改革建设，推动金融市场更好地为碳市场服务。

加大金融服务市场改革，优先完善国内绿色金融的标准，提高与国际标准的接轨程度。首先，在投资评价考核中，加大绿色评价指标权重，减少金融机构、投资者等对高碳排放项目的投资，增加对绿色项目的投资；其次，引导保险、养老金和社保基金等长期资金参与到绿色融资活动中来，通过信贷资产证券化、发行绿色债券基金等方式，提高绿色金融资产的流动性；再次，制定系统的企业绿色信贷政策体系，鼓励大中小企业开展绿色债券、绿色基金、绿色融资租赁、绿色保险等绿色金融产品创新，鼓励引导金融资源向新能源、氢能、储能、低碳建筑、低碳交通、低碳城市、智能电网等前沿技术产业及配套基础设施建设领域流动；从次，做好金融机构、监管机构、企业三者间的披露权责，加大金融投资项目的过程监管；最后，完善政策激励制度，设立碳减排支持工具，降低绿色产品和绿色项目的信用成本、税收成本、资本成本和交易摩擦成本，促进绿色金融市场多元化发展。

　　三是积极推进碳配额交易市场建设。2011 年，国家发改委批准北京、天津、上海、重庆、湖北、广东及深圳 7 个省市开展碳排放权交易试点。2021 年 1 月 1 日，全国碳市场第一个履约周期正式启动，首批涉及 2225 家发电行业重点排放单位，将对其 2019—2020 年碳排放配额进行清缴。到 2020 年末，相对成型的这 7 个市场的累计成交量 3.21 亿吨，仅占同期中国总碳排放量的 0.49%，累计成交金额为 71.4 亿元。相比单纯采取政府行政指令的碳排放目标考核管理方式，碳交易市场模式的开展有利于充分利用市场机制，采用经济手段引导、鼓励市场主体广泛开展碳减排工作，通过碳减排工作的开展，实现碳配额的结余，从而实现碳减排的增值收益。但目前，全国 7 个试点省市总体的碳市场交易量小，市场不活跃，碳价格的市场化属性仍不明显，碳配额交易均价仅在 20 元/吨左右。因此，需要加快推进全国碳排放交易市场建设，扩充碳排放交易体量和涵盖的行业范围，增强碳排放交易市场活跃度，促进碳配额交易价格体现真实需求价格，强化市场杠杆作用。

　　3. 推动碳中和中政府与市场良性互动关系

　　碳达峰碳中和工作目标的落实，大致可分碳达峰、碳减排、碳中和三个阶段，在不同阶段，碳达峰碳中和工作内容、技术、市场环境等均将发生较大变化。在不同的环境下，需要采取动态发展观，持续推进政府与市场关系改革发展。通过建立碳中和工作年度考核机制、环保监察机制、五年规划或行动方案中期评估机制、重点任务（项目）过程管控评估机制等，建立动态评估体系；在评估机制落实中，重点做好工作目标的对比分析，以及重点政策措施、重点任务等落实情况对比分析，及时发现不足，并动态调整政策措施，优化市场资源配置。

　　（二）处理好中央和地方的关系

　　处理好中央政府和地方政府的经济关系是大国经济中的一个重大问题。从实现碳达峰碳中和的角度看，主要是如何正确处理中央和地方在低碳发展上财权与事权的划分，国家利益和地方利益、部门利益的调配，中央和地方两个积极性的调动，建立统一大市场与打破市场地域分割封锁等方面的关系。集中讲，中央主要负责顶层设计和全局性部署，地方主要结合当地实际制定具体行动方案并明确责任、推动落实。

1. 加强顶层设计，做好统筹协调

中央要加强在绿色低碳转型中的引领作用，牢牢把握"实现减污降碳协同效应"这个总要求，把降碳摆在更加突出的位置，更加注重综合治理、系统治理、源头治理，对减污降碳一体谋划、一体部署、一体推进、一体考核，加快推进生态环境治理体系和治理能力现代化。着力建立完善与新发展格局相适应的生态环境保护制度体系，在生态文明体制改革顶层设计总体完成的基础上，充分、有效发挥改革措施的系统性、整体性、协同性，有效激发地方政府内生动力。中央要承担好二氧化碳排放总量控制指标分配，使地区之间遵循"各尽所能"和"共同而有区别的责任"两个基本原则。

2021 年 2 月，国务院印发《关于加快建立健全绿色低碳循环发展经济体系的指导意见》，要求全方位、全过程推行绿色生产、绿色流通、绿色生活、绿色消费等，统筹推进高质量发展和高水平保护，确保实现碳达峰碳中和目标，推动我国绿色发展迈上新台阶。国家发改委正在与相关部门一道，抓紧编制 2030 年前碳排放达峰行动方案，研究制定重点行业和领域碳达峰实施方案，进一步明确碳达峰碳中和的时间表、路线图、施工图。2020 年 10 月，生态环境部、国家发改委等五部门联合印发《关于促进应对气候变化投融资的指导意见》，提出强化金融政策支持，支持和激励各类金融机构开发气候友好型的绿色金融产品。2021 年 4 月，中国人民银行等联合发布《绿色债券支持项目目录（2021 年版）》，删除了涉及煤炭等化石能源生产和清洁利用的项目类别。科技部多次调度《科技支撑碳达峰碳中和行动方案》编制工作，明确要求加强前沿颠覆性技术研发，围绕重点方向开展长期攻关，加强现有绿色低碳技术推广应用，支撑产业绿色化转型。

2. 注重地方差异，分类、分层次精准施策

中央要处理好各地产业结构、发展定位、能源禀赋的差异，根据各地

实际情况确立适合的达峰路径，实现全国包容式、差别化的低碳转型路径和方式，做好分类、分层次低碳化政策及实施意见。做好各地的低碳化分类、分层次数据库，为顶层设计提供决策依据。每个地区资源禀赋不同，经济发展程度、产业布局也有区别，各地区实现碳达峰肯定有先有后，要推进一些有条件的地方率先实现碳达峰。可能率先实现碳达峰的有两类地区：一类是东部经济比较发达的一些省市，经济转型比较领先，有条件在"十四五"期间实现碳达峰；另一类是西南部分地区，其可再生能源条件好，有很丰富的水电、风电、太阳能发电资源，可通过能源结构调整，由新能源的增长来满足能源需求，也可率先实现碳达峰。各地采取的减排路径、实现碳达峰的时间点，可能有所差别，要推进差别化、包容式的协调发展和协调减排，保证全国总体目标的实现。尤其要避免采取自上而下、层层分解任务的行政手段，避免减碳工作对经济生产造成不必要的干预。

3. 完善激励机制，推动地方有效探索

地方应当加紧制定碳达峰行动方案，分区域、分部门、分行业设定差异化碳达峰目标，开展碳达峰行动，统筹推进碳排放权、排污权交易实施方案。推进低碳示范区建设，推进低碳系列试点发挥引领带动作用，探索实行高碳企业清单管理，开展好新建项目碳排放影响评价，严控高耗能、高排放行业扩大规模。地方要充分发挥好节能减排及应对气候变化工作领导小组的作用，生态环境部门要联合发改、经信、交通、住建、统计、能源等部门成立方案编制专班工作组，加强协调，形成部门之间分工方案，列出时间表和路线图，生态环境部门要发挥好跟踪、调度、通报的作用。地方要结合本地实际梳理重点区域、重点领域、重点行业、重点企业，列出本地区二氧化碳重点排放清单。地方应当在编制生态环境保护"十四五"规划中，将气候变化工作放在突出位置，设立应对气候变化专章，科学谋划"十四五"应对气候变化工作。探索生态环境保护工作责任清单，将绿色低碳发展、碳交易管理等应对气候变化的重要内容纳入责任清单，科学合理设置责任事项。地方进一步探索绿色金融相关的地方性法规和规章。

目前，围绕碳达峰碳中和目标，各地都在出实招、见真章，快速行动。地方的碳达峰行动方案编制工作正在提速，具体措施也开始制定并落实。有的地方（如河北）加快推进无煤区建设，有的地方（如雄安新区）2021 年底前将满足无煤区要求，有的地方（如陕西）全面梳理排查"两高"项目，为绿色低碳高质量项目腾出发展空间，还有的地方（如浙江）采取有效措施，激励企事业单位自觉节能降碳，强化金融支持碳达峰碳中和措施，建立信贷支持绿色低碳发展的正面清单，支持省级"零碳"试点单位和低碳工业园区的低碳项目，支持高碳企业低碳化转型。又如，北京冬奥会冰上场馆首次使用清洁低碳的二氧化碳跨临界直冷制冰技术，利用夏奥场馆，实现"水冰转换""陆冰转换"等。各级党委和政府担负着实现碳达峰碳中和的政治责任，坚决做到令行禁止，确保党中央各项决策部署落地见效。根据各地实际分类施策，完善监督考核机制。要压实地方责任，各级党委和政府要扛起责任，拿出抓铁有痕、踏石留印的劲头，明确时间表、路线图、施工图，做到有目标、有措施、有检查。

4. 强化中央减碳事权，优化地方减碳事权

中央要为碳达峰碳中和提供立法引领、推动和保障。强化碳达峰碳中和目标的刚性约束和相关制度的法制化，以法律的强制力保证我国碳达峰碳中和目标的实现，构建源头严防、过程严管、后果严惩的制度体系。坚持完善生态环境法律法规，制定碳中和促进法，为碳达峰碳中和目标提供基本法律保障。通过立法赋予碳排放峰值目标、总量和强度控制目标以法律地位。推动制定生态环境损害赔偿办法，制定修订环境监测、碳排放交易、应对气候变化等重点领域法律法规，开展环境法典化研究论证，稳步推进生态环境标准制定修订。中央应设立低碳科技重点专项，针对低碳能源、低碳产品、低碳技术、前沿性适应气候变化技术、碳排放控制管理等开展科技创新。加大中央财政支持力度，培育绿色低碳技术和产业，激发绿色低碳的新动能。

各地要着手制定本省市的碳达峰行动计划，明确减缓和适应气候变化目标任务、关键举措、重大布局。推动同步协同编制能源、工业等重点行

业部门和各地区达峰方案，通过达峰倒逼能源结构、产业结构加快转型。同时，推动地方探索开展气候投融资试点，引导投融资向碳达峰碳中和、适应气候变化领域倾斜和聚集。加强地方尤其是县乡农村地区生态环境治理力度，进一步拓展大气环境质量评价范围。优化监管体系建设，包括监测、评估、监督、执法、督察、问责，统筹地上地下、陆地海洋，形成发现问题、解决问题的闭环管理系统，在不断解决实际问题中推动工作前进。地方重点在监管能力、投入机制、全民行动等方面形成突破，从执法、监测、信息、科研、人才队伍等各方面提升监管能力。

坚持中央和地方双向发力，强化科技和制度创新，深化能源和相关领域改革，形成有效的激励约束机制。

5. 完善地方统计

地方要充分认识碳达峰碳中和工作面临的挑战，把握本行政区域碳排放存量，分析排放趋势，做好碳排放增量测算工作。数据测算要结合当地实际，加强专业技术团队交流协作，确保数据测算的客观性、科学性。进一步完善 GEP 核算标准。加快建立地方二氧化碳排放总量控制"梯度"管理体系，全面建立自下而上的全国二氧化碳排放统计和核算体系。建立减污降碳协同项目库，将碳履约信息纳入环境信用体系，健全环境统计和碳排放统计融合机制，将碳排放管理纳入环境执法清单。

（三）处理好发展与减碳的关系

推进碳达峰碳中和对构建新发展格局、实现高质量发展的影响是多方面的。从中长期、整体看，对推进产业结构转型升级有正面、积极的影响，也要看到低碳减排在一定时期内对经济增速局部、短期的负面冲击。因此，处理好发展和减排、整体和局部、短期和中长期的关系，也是体制机制改革的重要任务。绿色发展模式下，减碳需要综合施策。

1. 经济发展的低碳转型

产业方面，要通过体制改革和政策引导，大力促进第一、二、三产业之间的结构优化，提高现代服务业和生产型服务业比重；行业方面，通过产业组织的整合，促进工业内部的行业结构和产品结构调整，增大高端制造业、高新技术产业、战略性新兴产业等高附加值工业比重。发展原料、燃料替代和工艺革新技术，推动钢铁、水泥、化工、冶金等高碳产业生产流程零碳再造。

产品方面，在产业组织整合、企业产权制度和投融资体制与知识产权制度改革的基础上，构建完整的产业链，将品牌、研发创新、核心技术、高端制造能力、生产性服务能力等要素进行有机整合，增大高附加值产品的比重。

2. 能源发展的低碳转型

在能源供给方面，要逐步降低对石化能源的依赖，加大氢能、水能、核能、太阳能、生物质能等非化石能源的生产和供给，并加快推进智慧能源供应网络及储能设施建设，提升可再生能源的供应调控能力。在能源消费方面，要以完善能源消费总量和强度双控制度为抓手，加强能源节约工作，并提升用能电气化水平，加大零碳电力消纳能力，形成节约能源、低碳高效的能源消费方式。在能源技术方面，要加强自主创新，推动能源勘探、开创、使用等方面的技术创新，推动新能源尤其是清洁能源、可再生能源方面的技术创新，通过技术创新提高能源生产及使用效率。在能源体制方面，要在维护国家能源安全和保证人民群众用能权的前提下，还原能源的商品属性，加快建设全国用能权、碳排放权交易市场，通过有效市场和有为政府的有机统一推动能源革命。在能源对外合作方面，要积极推进构建人类能源命运共同体。

3. 消费模式的低碳转型

通过转变市民生活和消费方式，在满足合理消费需求和提升生活品质的同时，通过广泛的宣传教育和积极的政策引导，形成绿色低碳节约的消费理念和生活消费方式，逐步推行以低碳为代表的新技术标准和商品标识，使拥有低碳技术和产品的企业更易得到社会认可，鼓励消费者选择和使用低碳产品，从需求方面刺激低碳产业的发展。

4. 城市化模式的低碳转型

在城市层面，构建紧凑型城市空间结构，防止城市蔓延；加强土地混合利用和多样化开发，促进职住平衡；实现城市基础设施体系布局低碳化。在城区与小城镇层面，则倡导"公共交通导向"的开发模式，促进职住平衡；提高连通性，优化城市机理；完善自行车与步行基础设施，构建慢行交通体系。在社区层面，则是推广低碳高效的社区空间开发模式与基础设施；培育低碳文化和低碳生活方式；探索推行低碳化运营管理模式。

（四）统筹好国内国际两个大局，推进减碳发展

实现碳达峰碳中和，必须将国内改革与对外开放有机结合。在构建新发展格局的背景下实现碳达峰碳中和，仅有国内体制机制的改革不行，需要充分考虑并体现国内国际两个循环相互促进的要求。统筹国内国际两个大局，充分利用国际国内两个市场、两种资源。加强国际交流合作，有效统筹国内国际低碳资源，积极引进优质的碳中和技术、企业及人才。

1. 完善制度型开放，推进国际规则标准制定

"双碳"成为国际共识，必将重构国际经贸体系，其背后是新低碳前沿技术和国际规制的竞争。我国必须逐步对接碳排放市场世界标准，主动掌握世界碳排放标准的制定权。

一是对接全球绿色低碳标准，推进标准协同。以英国和欧盟为代表的发达国家与地区的减碳发展已经有多年历史，日本、美国，特别是欧盟，早已实现碳达峰，并形成了一系列制度规范和市场体系。加强与发达国家的标准对接，既是互学互鉴，也是应对与发达国家脱钩的主动选择。

二是大力发展碳金融工具（如碳期货、碳期权与碳远期等），强化全球碳市场价格制定话语权。全球最大的碳现货市场为我国抢占全球碳市场定价权奠定了基础。积极参与国内外碳排放权交易，大力发展碳金融市场，不仅能增加市场流动性，而且能为企业提供针对碳价格和气候转型风险的对冲工具，同时，也为投资者提供一种新的资产类别。

三是在细分行业引领碳排放全球标准。打造碳排放标准体系，推行绿

色采购政策，深化绿色认证机制，设置企业首席碳排放官，积极申请碳排放技术国际专利，做好境外商标注册，制定产品碳排放标准和碳标签，并推动其成为国际标准。

四是逐步增进减碳承诺的法律约束，完善区域法制标准体系。根据英国牛津大学、能源与气候智库等研究机构的报告，当今世界约三分之二的国家宣布了碳中和目标，尽管碳中和进程加快，但仅有20%的承诺目标满足质量检测标准。这种承诺的形式和法律约束力存在很大区别。世界各国，尤其是发达国家和主要发展中大国，应进一步强化碳排放承诺以与碳中和目标匹配，同时承诺要更具法律约束力。

2. 以碳中和为约束条件，构建国际贸易投资新标准

一是优化外贸结构。扩大对绿色低碳产品、绿色技术、绿色服务的进口；培育出口竞争新优势，加强绿色自主品牌建设，深入开拓国际市场，转变企业贸易方式，提升出口质量。二是强化国际投资的绿色指引，使减碳国际合作助益应对人类气候变化目标，实现造福国际、保护地球及投资收益新平衡。三是秉持降碳减排，完善外商投资准入前国民待遇加负面清单管理制度。在扩大服务业对外开放时体现绿色，依法保护外资企业在低碳减排中的合法权益，营造市场化、法制化、国际化、便利化、数字化的绿色营商环境。四是健全、促进和保障我国境外投资的法律、政策和服务体系，坚定维护中国企业海外合法权益，实现高质量绿色节能环保技术"引进来"和高水平低碳绿色产品和服务"走出去"。

3. 加强国际交流合作，共同加速国际能源转型

一是利用好国际平台，创新国际能源技术合作机制。构建政府部门、私营部门、国际组织等多方参与的技术合作机制，推动"碳中和关键技术研究与示范"；加大科研院所的国际合作力度，构建低碳前沿技术研究科研人员常态化国际派遣机制；有效发挥大型跨国企业的引领作用，推动绿色低碳技术实现重大突破；畅通国际技术转移机制，建立统一、完善的绿色低碳技术评估标准，加快推广应用减污降碳技术。

二是构建新能源国际合作分工体系。通过自主建设、合作开发和收购

兼并等方式，充分利用国外的清洁能源在国内进行发电，提升能源组织能力和议价能力，进一步提高能源供应保障能力、扩大清洁能源规模；以中欧海上风电国际合作、中日韩第三方市场新能源合作、中国—中东非洲新能源合作及中国—RCEP新能源合作为主轴，构建国际能源产业链、价值链；中国企业海外电站投资、境外EPC合作、境外产能合作等国际业务发展，均应建立覆盖面更广的、强制性的环境信息披露制度要求，并在新能源国际合作项目中，不仅披露项目总投资、PPA协议、投资主体等基础投资信息，还要披露新能源国际合作项目的融资信息。

三是加强与国际能源署（IEA）等国际组织的合作。借鉴国际经验，推动中国减碳规划与技术路线的规划与落实，并推进能源政策方面的研究，特别是促进钢铁、汽车、石油与天然气等更具挑战性领域的务实国际合作。

4. 创新多边治理机制，完善全球气候和环境治理

一是引领多边治理。要继续深度参与联合国"奔向零碳"项目、C40城市气候领导联盟、2度以下联盟、科学减碳倡议组织等气候与环境治理国际组织，并发挥引领作用。深化气候领域南南合作，积极向发展中国家提供能力范围内的支持，为全球提供发展中国家减碳发展的中国方案。

二是构建不同层级、模式的新多边治理机制。一方面，夯实能源基金会和自然资源保护协会等现有全球气候与环境多边治理平台，建立联席会议制度或多边专责领导小组，加强政策沟通与对接，及时沟通减碳进展，定期宣布能力建设与政策指引白皮书，并增强约束力指标；另一方面，深化伙伴关系，增进中国城市、企业与国际同行的合作水平，与发达国家及其城市建立减碳结对城市，在政策和技术方面学习发达国家经验，加强双边或者多边的务实共赢。通过共建绿色产业链联盟和减排平台，创新企业合作模式。

三是改进现有国际组织治理机制，构建新的国际治理体系。改进"二战"后形成的国际经贸体系；构建囊括政府部门、私营部门与非营利性组织等在内的多边机构，并完善工作机制；充分发挥城市碳达峰国际合作平

台"创新使命"、中国环境与发展合作委员会等由我国主导发起的全球清洁能源多边合作机制的作用和功能，增强中国在国际气候变化科技领域的影响力和话语权。

5. 积极落实和深化绿色"一带一路"，帮助沿线国家减碳发展

以绿色"一带一路"建设为契机，推动沿线国家绿色低碳发展，帮助沿线国家提出自己的碳达峰碳中和目标规划，走上以创新为驱动的绿色低碳、循环发展之路。

6. 加强国际智库合作，应对可持续发展政策与实践中的新机遇和新挑战

国际智库在研究中要注重增强全面性、相关性和广泛性，注重科学减排与定量分析。一是通过国际学术研究推进减碳技术提升与标准制定；二是发挥公共政策监督作用，总结最佳政策实践，推动各国各界政策制定者减碳承诺付诸实际行动，制定明确的行动计划和方案，并在有新变化时对这些计划和方案进行修订；三是推动减碳领域国际政策评估，对各国政府和主要企业的减碳承诺进行持续性、标准化评估。

## 六、碳达峰碳中和体制机制改革需把握的工作方法

（一）统筹兼顾推动改革系统集成

碳达峰碳中和体制机制改革重在系统集成，系统集成必须坚持系统观念。坚持系统观念是"十四五"时期经济社会发展必须遵循的五个原则之一。推进碳达峰碳中和体制机制改革系统集成，要加强改革前瞻性思考、全局性谋划、战略性布局和整体性推进。要改革与开放有机结合，统筹国内国际两个大局，办好发展和安全两件大事。要坚持全国一盘棋，更好发挥市场配置资源决定作用，更好发挥政府作用，调动中央、地方和各方面积极性。要有利于固根基、扬优势、补短板、强弱项，防范化解重大风险挑战。要有利于推动实现发展质量、结构、规模、速度、效益、安全相

统一。

（二）增强辩证思维能力，解决改革重点难点问题

推动碳达峰碳中和体制机制改革，面对各种十分复杂的利益关系，有许多矛盾需要有效解决，有许多关系需要正确处理，有许多难题需要积极破解，做到这些，离不开辩证思维。掌握辩证思维，推进碳达峰碳中和体制机制改革，要坚持"两点论"和"重点论"相统一，同时注重"转化论"。

在碳达峰碳中和体制机制改革中运用"两点论"，就要坚持一分为二地看问题。既要看到有利的一面，又要看到不利的一面；既要敢于突破，又要一步一个脚印、稳扎稳打。在碳达峰碳中和体制机制改革中坚持"重点论"，就是找突出问题、抓关键问题，抓重点、带一般。要有强烈的问题意识，以重大问题为导向，抓住重大问题、关键问题深入研究，找出答案，着力推动解决。在碳达峰碳中和体制机制改革中注重"转化论"，就是从辩证的观点看待问题和矛盾的转化。

（三）坚持创新，不断推出改革新思路、新举措

创新是一个民族、一个国家的灵魂，也是推进实现碳达峰碳中和体制机制改革的不竭动力。实现碳达峰碳中和需要创新意识，相应的体制机制改革也要靠创新。创新意识、创新举措、创新实践，应贯穿碳达峰碳中和体制机制改革的各个方面和各个环节。

（四）真抓实干推动改革举措任务落地见效

一分部署，九分落实。习近平总书记反复强调，党和国家事业发展，离不开脚踏实地、真抓实干。改革开放40多年的实践充分证明，任何改革举措，只有持之以恒抓落实，才能见实效，改革才能不断推向深入。实现碳达峰碳中和，抓落实贵在实干，不能空谈。

# 第二节　以改革创新为动力，推动生态环境高标准保护和高质量发展

习近平总书记自党的十八大以来，多次对生态文明建设作出重要指示，在不同场合反复强调，绿水青山就是金山银山。习近平生态文明思想日益深入人心，已经成为全党全国共识，成为指导和引领我国经济社会发展、实现人与自然和谐共生、建设社会主义现代化国家新征程的重要遵循。

2021年8月30日召开的中央全面深化改革委员会第二十一次会议强调，要巩固污染防治攻坚成果，坚持精准治污、科学治污、依法治污，以更高标准打好蓝天、碧水、净土保卫战，以高水平保护推动高质量发展、创造高品质生活，努力建设人与自然和谐共生的美丽中国。

既要绿水青山，又要金山银山，解决发展中的生态环境问题，处理好高标准保护和高质量发展的关系，实现生态环境保护和经济发展的辩证统一，要做的事情很多，但关键在于深化生态建设体制机制改革。

## 一、生态环境高标准保护和高质量发展事关发展大局

### （一）习近平生态文明思想重要内容

习近平总书记高度重视生态环境建设，历年来多次发表重要讲话，作出重要指示、批示，并身体力行推动落实。

习近平生态文明思想系统回答了"为什么建设生态文明""建设什么样的生态文明""怎样建设生态文明"等重大理论和实践问题，把我们党对生态文明建设规律的认识提升到一个新高度。处理好高标准保护和高质

量发展的关系，实现生态环境保护和经济发展的有机统一，是习近平生态文明思想的重要内容。

党的十八大以来，习近平总书记深入实际，调查研究，亲自推动生态建设任务落实。例如，察看秦岭自然生态；考察祁连山生态环境修复成果，提出要保护好贺兰山生态；多次赴长江流域考察，5 年时间内 3 次主持召开座谈会，推动长江经济带"共抓大保护，不搞大开发"；心系黄河，一年时间内 4 次考察黄河，推动黄河流域生态保护和高质量发展成为重大国家战略。还有河北塞罕坝林场、内蒙古阿尔山林区、云南洱海湖畔、黑龙江黑瞎子岛、广西漓江等，都留下习近平总书记身体力行推动生态文明建设的足迹。

（二）作为国家大政方针，已经写入中央的多个重要文件

党的十八大报告将生态文明建设纳入党的行动纲领，作为中国特色社会主义"五位一体"总体布局重要内容。党的十九大报告提出，必须树立和践行"绿水青山就是金山银山"的理念，坚持节约资源和保护环境的基本国策。

第十三届全国人民代表大会第一次会议通过《中华人民共和国宪法修正案》，将生态文明正式写入国家根本法，实现了党的主张、国家意志、人民意愿的高度统一。

党的十九届五中全会通过的《中共中央关于制定国民经济和社会发展第十四个五年规划和二〇三五年远景目标的建议》专设一篇（第十，含第 35、36、37、38 四条）强调要"推动绿色发展，促进人与自然和谐共生"。坚持"绿水青山就是金山银山"的理念，坚持尊重自然、顺应自然、保护自然，坚持节约优先、保护优先、自然恢复为主，守住自然生态安全边界。深入实施可持续发展战略，完善生态文明领域统筹协调机制，构建生态文明体系，促进经济社会发展全面绿色转型，建设人与自然和谐共生的现代化。

（三）中央政治局集体学习的重要内容

早在 2012 年 11 月 17 日，十八届中共中央政治局第一次集体学习时即强调，党的十八大把生态文明建设纳入中国特色社会主义事业总体布局，使生态文明建设的战略地位更加明确，有利于把生态文明建设融入经济建设、政治建设、文化建设、社会建设各方面和全过程。这是我们党对社会主义建设规律在实践和认识上不断深化的重要成果。

2017 年 5 月 26 日，十八届中共中央政治局就推动形成绿色发展方式和生活方式进行第四十一次集体学习时强调，推动形成绿色发展方式和生活方式是贯彻新发展理念的必然要求，必须把生态文明建设摆在全局工作的突出地位，坚持节约资源和保护环境的基本国策，坚持节约优先、保护优先、自然恢复为主的方针，形成节约资源和保护环境的空间格局、产业结构、生产方式、生活方式，努力实现经济社会发展和生态环境保护协同共进，为人民群众创造良好生产生活环境。

2021 年 4 月 30 日，十九届中共中央政治局就新形势下加强我国生态文明建设进行第二十九次集体学习。会议强调，生态环境保护和经济发展是辩证统一、相辅相成的，建设生态文明，推动绿色低碳循环发展，不仅可以满足人民日益增长的优美生态环境需要，而且可以推动实现更高质量、更有效率、更加公平、更可持续、更为安全的发展，走出一条生产发展、生活富裕、生态良好的文明发展道路。"十四五"时期，我国生态文明建设进入了以降碳为重点战略方向，推动减污降碳协同增效、促进经济社会发展全面绿色转型、实现生态环境质量改善由量变到质变的关键时期。

（四）贯彻新发展理念，构建新发展格局的重要任务

中共中央政治局第二十九次集体学习强调，要完整、准确、全面贯彻新发展理念，保持战略定力，站在人与自然和谐共生的高度来谋划经济社会发展，坚持节约资源和保护环境的基本国策，坚持节约优先、保护优

先、自然恢复为主的方针，形成节约资源和保护环境的空间格局、产业结构、生产方式、生活方式，统筹污染治理、生态保护、应对气候变化，促进生态环境持续改善，努力建设人与自然和谐共生的现代化。

要抓住资源利用这个源头，推进资源总量管理、科学配置、全面节约、循环利用，全面提高资源利用效率。要抓住产业结构调整这个关键，推动战略性新兴产业、高技术产业、现代服务业加快发展，推动能源清洁低碳、安全高效利用，持续降低碳排放强度。要支持绿色低碳技术创新成果转化，支持绿色技术创新。实现碳达峰碳中和是我国向世界作出的庄严承诺，也是一场广泛而深刻的经济社会变革，绝不是轻轻松松就能实现的。

（五）实现碳达峰碳中和目标的重要内容

2021 年 3 月 15 日召开的中央财经委员会第九次会议强调，要以经济社会发展全面绿色转型为引领，以能源绿色低碳发展为关键，加快形成节约资源和保护环境的产业结构、生产方式、生活方式、空间格局，坚定不移走生态优先、绿色低碳的高质量发展道路。

"十四五"是碳达峰的关键期、窗口期，要倡导绿色低碳生活，反对奢侈浪费，鼓励绿色出行，营造绿色低碳生活新时尚。

要提升生态碳汇能力，强化国土空间规划和用途管控，有效发挥森林、草原、湿地、海洋、土壤、冻土的固碳作用，提升生态系统碳汇增量。

面对百年变局和极端气候变化等不确定、不稳定因素的影响和冲击，解决好环境问题，实现高质量绿色发展在经济社会发展大局和全局中居于十分重要的地位，坚持生态环境建设意义重大。

## 二、生态环境高标准保护和高质量发展亟待解决的问题

党的十八大以来，我国生态环境保护和建设取得历史性成就。正如中

央全面深化改革委员会第二十一次会议指出的，近年来，我们推动污染防治的措施之实、力度之大、成效之显著前所未有。

例如，"十三五"规划纲要确定的生态环境领域 9 项约束性指标和污染防治攻坚战阶段性目标任务超额完成。

从空气质量看，2020 年全国地级及以上城市空气质量优良天数比率达到 87%，超过"十三五"规划目标 2.5 个百分点；PM2.5 未达标地级及以上城市年均浓度达到 37 微克/立方米，累计降低 28.8%，超过"十三五"规划目标 10.8 个百分点。

从水质看，2015—2020 年，地表水 Ⅰ 至 Ⅲ 类水质断面比例由 66% 上升至 83.4%，提高 17.4 个百分点，超过"十三五"规划目标 13.4 个百分点；劣 Ⅴ 类水质断面比例由 9.7% 下降到 0.6%，降低 9.1 个百分点，超过"十三五"规划目标 4.4 个百分点。

从污染排放看，2020 年二氧化硫、氮氧化物、化学需氧量、氨氮排放量较 2015 年分别下降 25.5%、19.7%、13.8%、15.0%，单位国内生产总值二氧化碳排放较 2015 年降低 18.8%，均超过"十三五"规划目标。

从森林覆盖率看，三北防护林、天然林保护、退耕还林还草等一系列重大生态工程深入推进。"十三五"期间，我国森林覆盖率提高到 23.04%，森林蓄积量超过 175 亿立方米，连续 30 年保持"双增长"，成为森林资源增长最多的国家。

从濒危野生动植物保护看，"十三五"期间，我国有效保护了 90% 的植被类型和陆地生态系统、65% 的高等植物群落、85% 的重点保护野生动物种群，大熊猫、朱鹮、藏羚羊、苏铁等珍稀濒危野生动植物种群实现恢复性增长。

从国际责任看，近年来我国主动践行大国责任，建立"中国气候变化南南合作基金"，推动建立"一带一路"绿色发展国际联盟，共建绿色丝绸之路，提出力争 2030 年前实现碳达峰、2060 年前实现碳中和等目标承诺。中国已成为全球生态文明建设的重要参与者、贡献者、引领者。

但必须清醒地看到，当前我国生态文明建设仍然任重道远，面临一系列亟待解决的短板、漏洞和弱项。"十四五"时期，我国生态文明建设进入以降碳为重点战略方向、推动减污降碳协同增效、促进经济社会发展全面绿色转型、实现生态环境质量改善由量变到质变的关键时期，污染防治触及的矛盾问题层次更深、领域更广，要求也更高。突出表现为"五个艰巨"：

第一，解决高耗能、高排放任务艰巨。以煤为主的能源结构，以钢铁、水泥等重化工为主的产业结构，以公路货运为主的运输结构，改变起来困难重重。当前，我国距离实现碳达峰目标已不足 10 年，从碳达峰到实现碳中和也仅有 30 年，时间紧、任务重。要加快推动产业结构、能源结构、交通运输结构、用地结构调整，严把"两高"项目准入关口，推进资源节约高效利用，培育绿色低碳新动能。

第二，根本改善生态环境质量任务艰巨。目前，我国生态环境质量有所改善，但成效并不稳固。改善生态环境质量由量变到质变的拐点还没有到来。部分地区、领域生态环境问题依然突出。要统筹生态保护和污染防治，加强生态环境分区管控，推动重要生态系统保护和修复，开展大规模国土绿化行动，扩大环境容量的同时，降低污染物排放量。

第三，健全法律法规、严格执法任务艰巨。生态环境领域法律制度体系还不够完善，相关法律法规亟待修订，需要提高相关标准，加大执法力度，要加强系统监管和全过程监管，大幅提高违法违规成本，对破坏生态环境的行为决不手软，对生态环境违法犯罪行为严惩重罚。

第四，严格履职、抓好落实任务艰巨。一些部门、地方、企业存在模糊认识，履行污染防治主体责任意识不强，有的地方污染治理压力和责任逐级递减，基层生态环境执法监管能力与工作要求还不相适应。

第五，加强治理体系和治理能力现代化任务艰巨。绿色发展的激励和约束机制不够健全，生态环境保护多元化投入模式尚未有效建立。生态环境科技创新、成果转化和推广应用还不够，环保产业支撑体系不健全。

所有这些问题集中起来都可归结为体制机制问题。因此，也必须通过深化体制机制改革创新来加以解决。

# 三、生态环境高标准保护和高质量发展关键靠体制机制改革创新

中央全面深化改革委员会第二十一次会议指出，要从生态系统整体性出发，更加注重综合治理、系统治理、源头治理，加快构建减污降碳一体谋划、一体部署、一体推进、一体考核的制度机制。要深入推进生态文明体制改革，加快构建现代环境治理体系，全面强化法治保障，健全环境经济政策，完善资金投入机制。中共中央政治局第二十九次集体学习也强调，要提高生态环境治理体系和治理能力现代化水平，健全党委领导、政府主导、企业为主体、社会组织和公众共同参与的环境治理体系。生态建设体制机制改革创新需重点考虑以下三个问题。

## （一）把握好改革的方向、目标和着力点

发挥好改革在实现高标准保护和高质量发展中的关键作用，要坚定不移贯彻新发展理念，以经济社会发展全面绿色转型为引领，以绿色低碳发展为抓手，加快形成节约资源和保护环境的产业结构、生产方式、生活方式、空间格局，坚定不移走生态优先、绿色低碳的高质量发展道路。"十四五"是生态环境建设的关键期、窗口期。体制机制改革要推动落实以下一些重点任务。

一是构建清洁低碳安全高效的能源体系，控制化石能源总量，着力提高利用效能，实施可再生能源替代行动，深化电力体制改革，构建以新能源为主体的新型电力系统。

二是实施重点行业领域减污降碳行动。推进钢铁、水泥、化工等工业领域绿色制造，提升建筑领域节能标准。

三是交通领域加快形成绿色低碳运输方式。

四是推动环保节能、绿色低碳技术实现重大突破，抓紧部署低碳前沿技术研究，加快推广应用减污降碳技术。

五是建立完善绿色发展技术评估、交易体系和科技创新服务平台。

六是完善绿色低碳政策和市场体系，完善能源"双控"制度。

七是完善有利于绿色低碳发展的财税、价格、金融、土地、政府采购等政策。

八是加快推进碳排放权交易，积极发展绿色金融。

九是倡导环保绿色低碳生活方式，反对奢侈浪费，鼓励绿色出行，营造环保绿色低碳生活新时尚。

十是提升生态碳汇能力，强化国土空间规划和用途管控，有效发挥森林、草原、湿地、海洋、土壤、冻土的固碳作用，提升生态系统碳汇增量。

此外，要加强环保、应对气候变化国际合作，推进国际规则标准制定，建设绿色丝绸之路。

从上述重点任务来看，个个重要，个个不简单，都涉及权力利益格局的复杂调整。可以说，生态环境高标准保护和高质量发展，是一场广泛而深刻的经济社会系统性变革。

## （二）重点处理好四个关系

深化体制机制改革，推动生态环境建设高标准保护和高质量发展，重在处理好四方面关系。

一是处理好政府和市场的关系。正确处理政府和市场的关系，是经济体制改革需要处理好的最基本的关系，也是生态环境建设需要处理好的最重要的关系。核心问题是使市场在资源配置中起决定性作用和更好发挥政府作用，推动有效市场和有为政府更好结合。

二是处理好中央和地方的关系。处理好中央政府和地方政府的经济关系是大国经济中的一个重大问题。从生态环境建设的角度看，主要是如何正确处理中央和地方在高标准保护和高质量发展上财权与事权的划分，国家利益和地方利益、部门利益的调配，中央和地方两个积极性的调动，建立统一大市场与打破市场地域分割封锁等方面关系。集中讲，中央主要负责顶层设计和全局性部署，地方主要结合当地实际制定具体行动方案并明确责任、推动落实。

三是处理好国内和国外的关系。搞好生态环境建设，必须实现国内改革与对外开放有机结合。在构建新发展格局的背景下，推动高标准保护和高质量发展，仅有国内体制机制的改革不行，需要充分考虑并体现国内国际两个循环相互促进的要求。统筹国内国际两个大局，充分利用国内国际两个市场、两种资源，加强国际交流合作。

四是处理好高标准保护和高质量发展的关系。生态环境保护和经济发展是辩证统一、相辅相成的关系。建设生态文明、推动绿色低碳循环发展，不但可以满足人民日益增长的优美生态环境需要，而且可以推动实现更高质量、更有效率、更加公平、更可持续、更为安全的发展，走出一条生产发展、生活富裕、生态良好的文明发展道路。

（三）坚持系统观念推动改革系统集成

通过体制机制改革推动生态环境高标准保护和高质量发展，重在加强改革系统集成、推动改革举措落地见效。具体讲：

一是坚持体制机制改革的系统性、整体性、协同性。坚持系统观念是"十四五"时期经济社会发展必须遵循的五个原则之一。坚持这个原则是推进全面深化改革开放的内在要求，也是生态建设体制机制改革的客观需要。推进生态建设体制机制改革系统集成，就是要加强改革前瞻性思考、全局性谋划、战略性布局和整体性推进。推进体制机制改革系统集成，重在增强改革的系统性、整体性、协同性，使各项改革举措产生联动效应。

二是坚持完整、准确、全面贯彻新发展理念。推进生态建设体制机制改革系统集成，最根本的是从"五位一体"总体布局和"四个全面"战略布局的角度考虑和推进生态建设改革的目标和任务。要完整、准确、全面贯彻新发展理念，扭住生态建设目标任务，做到改革和开放相互促进、改革和发展有机统一、深化改革和依法治国相辅相成、深化改革和党的领导协同推进。

三是坚持辩证思维解决改革重点难点问题。推进生态建设体制机制改革系统集成，面对各种十分复杂的利益关系，有许多矛盾需要有效解决，有许多关系需要正确处理，有许多难题需要积极破解，做到这些，离不开辩证思维。只有增强辩证思维能力，善于抓住主要矛盾和矛盾的主要方面来制定改革的主要措施，同时，立足各领域改革的耦合性制定配套措施，使各项改革措施在政策取向上相互配合，在实施过程中相互促进，在实际成效上相得益彰。

四是坚持正确的政治站位和政治立场。推进生态建设体制机制改革系统集成，要提高政治判断力、政治领悟力、政治执行力，主动识变求变应变，强化全局视野和系统思维，加强改革政策统筹、进度统筹、效果统筹，发挥改革整体效应。发扬"钉钉子"精神，推动改革举措任务落地见效。各级党委和政府要拿出抓铁有痕、踏石留印的劲头，明确时间表、路线图、施工图，推动经济社会发展建立在资源高效利用和绿色低碳发展的基础之上。不符合要求的高耗能、高排放项目要坚决拿下来。

# 第三节 生态建设体制机制改革是解决"双碳"问题的关键

## 一、生态建设体制机制改革是能源与环保高质量发展的关键

深化改革对能源与环保高质量发展至关重要。既要绿水青山，又要金山银山，解决发展中的能源绿色低碳和生态环境问题，处理好高标准保护和高质量发展的关系，实现生态环境保护和经济发展的辩证统一，要做的事情很多，但关键在于深化生态建设体制机制改革。体制机制改革既是实现碳达峰碳中和的重要推动力，又是能源体系变革、生态环境高标准保护

和高质量发展的"关键一招"。生态建设体制机制改革要以经济社会发展全面绿色转型为引领，以绿色低碳发展为抓手，加快形成节约资源和保护环境的产业结构、生产方式、生活方式、空间格局，坚定不移走生态优先、绿色低碳的高质量发展道路。

体制机制改革推动能源与环保高质量发展，必须把握好方向。要以习近平生态文明思想为指导，充分体现中央精神并抓好贯彻落实。党的十九届五中全会通过的《中共中央关于制定国民经济和社会发展第十四个五年规划和二〇三五年远景目标的建议》，国家"十四五"发展规划纲要，中央政治局第二十九次集体学习，中央财经委第九次会议、中央深改委第二十一次会议等中央有关会议，中央《关于完整准确全面贯彻新发展理念做好碳达峰碳中和工作的意见》和国务院印发的《2030 年前碳达峰行动方案》，党的十九届六中全会《决议》等文件，都强调要推动绿色发展，促进人与自然和谐共生，要坚持"绿水青山就是金山银山"理念。要深入推进生态文明体制改革，加快构建现代环境治理体系，提高生态环境治理体系和治理能力现代化水平，健全党委领导、政府主导、企业为主体、社会组织和公众共同参与的环境治理体系。注重综合治理、系统治理、源头治理，加快构建减污降碳一体谋划、一体部署、一体推进、一体考核的制度机制。

生态建设体制机制改革要聚焦重点。必须完整、准确、全面贯彻新发展理念，把握好改革的着力点。重在处理好政府和市场、中央和地方、国内和国外、高标准保护和高质量发展的关系。此外，还需处理好整体和局部、破和立、短期和中长期等方面的关系。

要通过体制机制建设统筹有序推进碳达峰碳中和相关工作。2021 年 12 月召开的中央经济工作会议强调，2022 年经济工作要稳字当头、稳中求进。要求"生态文明建设持续推进""正确认识和把握碳达峰碳中和"。贯彻好中央经济工作会议精神，从体制机制改革创新的角度看，需重点抓好以下五方面工作。一是完善碳达峰碳中和"1 + N"政策体系，在体制机制设计上推动能源、工业、城乡建设、交通运输、农业农村等领域和钢铁、石化化工、有色金属、建材、石油天然气等重点行业制定并实施好相关方案，也要实施好科技支撑、财政、金融、碳汇能力、统计核算和督查考核等保障方案。二是构建清洁低碳安全高效能源体系，立足于以煤为主的基本国情，推进煤电清洁、高效、灵活、低碳、智能化高质量发展。大力发展非化石能源，因地制宜开发水电，规划建设大型风电、光伏基地项目，在确保安全的前提下有序发展核电。三是推进产业结构由高碳向低碳、由中低端向高端转型升级，坚决遏制"两高"项目盲目发展，推动重点领域节能降碳行动，促进新兴技术与绿色低碳产业深度融合。四是高度重视节约能源资源，不断降低单位产出能耗、物耗和碳排放，倡导勤俭节约，坚决反对奢侈浪费，推行简约适度、绿色低碳的生活方式。五是优化完善能耗双控政策，强化能耗强度约束，合理增加能耗总量弹性。此外，要注重并加强统筹协调和督促落实。

## 二、深化体制机制改革，推进碳中和及生态文明建设

推动碳达峰碳中和是习近平生态文明思想的重要组成部分。习近平总书记在贵州考察调研时强调："坚持以高质量发展统揽全局，守好发展和生态两条底线，在生态文明建设上出新绩，努力开创百姓富、生态美的多彩贵州新未来。"绿水青山、美丽中国，既是人民的美好愿望，也是可持续发展的基础。当前，我国生态文明建设正处于压力叠加、负重前行的关键期，必须守住发展和生态两条底线，在发展中保护，在保护中发展，努力走出一条生态优先、绿色发展的新路子，不断做好"绿水青山就是金山银山"这篇大文章。

推进碳达峰碳中和是生态文明建设的核心内容。党的十九届五中全会审议通过的《中共中央关于制定国民经济和社会发展第十四个五年规划和二〇三五年远景目标的建议》中，第十部分就涉及生态文明建设内容。题目是"推动绿色发展，促进人与自然和谐共生"，第35—38条都涉及绿色发展、生态文明建设问题。其中，第35条"加快推进绿色低碳发展"提

到了"降低碳排放强度，支持有条件的地方率先达到碳排放峰值，制定二〇三〇年前碳排放达峰行动方案"；第36条"持续改善环境质量"提到了"积极参与和引领应对气候变化等生态环保国际合作"；第37条"提升生态系统质量和稳定性"提到了"加强全球气候变暖对我国承受力脆弱地区影响的观测"；第38条"全面提高资源利用效率"提到了"健全自然资源资产产权制度和法律法规"等内容，这些内容都需要认真学习、深刻领会。

推动碳达峰碳中和是全面、准确、完整贯彻新发展理念的重要内容。生态文明建设是新发展理念五大要素之一，在新的发展阶段，坚持贯彻新发展理念，尤其是绿色发展理念，对推动构建新发展格局至关重要。2021年1月28日，习近平总书记在主持中央政治局集体学习时特别强调要完整、准确、全面理解、领会新发展理念。毫无疑问，也包括完整、准确、全面理解和领会绿色发展理念，即生态文明建设思想。生态文明建设也是我国推进新时代"五位一体"总体布局的重要内容，因此推动碳达峰碳中和工作意义重大。

推动碳达峰碳中和是构建新发展格局的重要任务。扩大国内需求，推进供给侧结构性改革，推动产业结构优化升级，双循环相互促进，都离不开生态文明建设。通过植树造林、节能减排等形式，实现二氧化碳"零排放"，也是构建新发展格局中转变经济结构、实现高质量发展应该重点推进的任务。

## 三、生态建设体制机制改革要聚焦重点

必须坚定不移贯彻新发展理念，把握好改革的着力点。要以经济社会发展全面绿色转型为引领，以绿色低碳发展为抓手，加快形成节约资源和保护环境的产业结构、生产方式、生活方式、空间格局，坚定不移走生态优先、绿色低碳的高质量发展道路。重在处理好三个大的关系。一是政府和市场的关系，这是改革需要处理好的最基本的关系，核心在于使市场在

资源配置中起决定性作用和更好发挥政府作用，推动有效市场和有为政府更好结合。二是生态环境保护和生态经济发展的关系，生态高标准保护和生态经济高质量发展总体上是辩证统一、相辅相成的关系，但任务和侧重各有不同，保护不能制约发展，发展不能破坏保护，既要绿水青山，又要金山银山。三是各方利益关系，如财权与事权的划分、国家利益和海南地方利益、省级部门利益和下属市（区、县）利益等，重在充分考虑各方利益，通过统筹协调，调动各方积极性。

体制机制改革推动生态经济发展，必须把握好方向。要以习近平生态文明思想为指导，充分体现中央精神并抓好贯彻落实。党的十九届六中全会精神里多处阐述生态文明建设问题。2021 年 10 月 24 日发布的中央《关于完整准确全面贯彻新发展理念做好碳达峰碳中和工作的意见》、10 月 26 日国务院印发的《2030 年前碳达峰行动方案》、党的十九届五中全会通过的《中共中央关于制定国民经济和社会发展第十四个五年规划和二〇三五年远景目标的建议》、国家"十四五"发展规划纲要，以及中央政治局集体学习、中央有关会议等，都强调要推动绿色发展，促进人与自然和谐共生，要坚持"绿水青山就是金山银山"理念，坚持尊重自然、顺应自然、保护自然，坚持节约优先、保护优先、自然恢复为主，守住自然生态安全边界，要深入实施可持续发展战略，完善生态文明领域统筹协调机制，构建生态文明体系，促进经济社会发展全面绿色转型，建设人与自然和谐共生的现代化等。

推进碳达峰碳中和各项工作均需要深化改革开放创新。生态建设体制机制改革是生态文明建设的题中应有之义。要推进生态建设要素市场化配置改革，进行大胆探索实践。从开放方面，要研究如何吸收和借鉴国际上的先进经验和做法，如何参与国际应对气候变化、碳排放、绿化造林、节能减排等，大力开展生态建设国际交流和合作。创新，既包括理论上的创新，也包括体制机制、技术手段以及举措等方面的创新。

## 四、加大改革开放创新力度，推动"一带一路"国际能源合作

国际能源合作是共建"一带一路"的重点领域。推动"一带一路"国际能源合作，对于"一带一路"建设高质量发展具有十分重要的意义。"一带一路"国际能源合作必须以改革为动力，以开放为引领，以创新为导向。

要坚持以全面深化改革为动力，继续优化营商环境。持续推进"放管服"改革，为"一带一路"国际能源合作创造更好的体制机制环境。针对制约经济发展和国际合作的突出矛盾，要继续在关键环节和重要领域加快改革步伐，不断完善市场化、法治化、国际化的营商环境，放宽外资市场准入，继续缩减负面清单，完善投资促进和保护、信息报告等制度。要营造尊重知识价值的环境，完善知识产权保护法律体系，强化相关执法，增强知识产权民事和刑事司法保护力度。通过各项改革举措的系统集成、协同高效，形成"化学反应"，为深化"一带一路"国际能源合作提供巨大推动力。

要坚持推进开放、共享，进一步深化交流合作。要继续扩大市场开放，继续完善开放格局，继续深化多双边合作，坚持"拉手"而不是"松手"，坚持"拆墙"而不是"筑墙"，坚决反对保护主义、单边主义，共同维护以联合国宪章宗旨和原则为基础的国际秩序，坚持多边贸易体制的核心价值和基本原则，促进贸易和投资自由化、便利化，推动国际能源合作朝着更加开放、包容、普惠、平衡、共赢的方向发展，让国际能源发展成果惠及更多国家和民众。

要坚持加强创新合作，不断推动全球能源转型变革。要强化科技创新、制度创新、模式和业态创新。新一轮科技革命和产业变革正处在实现重大突破的历史关口。深化国际能源合作和转型变革必须加强创新，推动人工智能、互联网、大数据、区块链等科技同能源生产、分配、消费、

储能等各个环节深度融合。加强创新成果共享，努力打破制约知识、技术、人才等创新要素流动的壁垒，让创新合作有效推动全球能源转型变革。

面对世界百年未有之大变局和国际能源格局的深刻变化，共建"一带一路"各国必须建立密切的合作伙伴关系，携手解决共同面对的困难和挑战，推进包括能源生产、分配、消费及储能方式等诸多方面的能源转型变革。推动传统化石能源结构体系向可再生且可持续的新能源体系转变。推动与知识经济、循环经济和低碳经济密切相关的低碳能源变革。推动全球清洁能源产业融合。推动共同应对全球气候变化影响。不断完善产业政策和技术标准，加强关键技术装备联合攻关，不断创新商业模式，推动绿色能源高质量发展。要高度重视发展的可持续性，处理好能源合作和改善民生的关系，使能源发展成果更多、更好惠及各国人民。最终，打造能源合作命运共同体。

# 第四节　我国碳达峰碳中和的路径

"30·60"碳目标充分展示了我国应对气候变化的雄心和大国担当，也意味着作为全球最大的发展中国家、最大的能源消费国和碳排放国，我国用历史上最短的时间从碳达峰过渡到碳中和将面临巨大的挑战。我国现阶段工业化、城镇化深入推进，能源需求不可避免地继续增长，以化石能源为主的能源结构和高能高碳的产业结构都决定了如期实现"双碳"目标是一场硬仗。

从全球来看，有 54 个国家实现碳达峰，超过 120 个国家和地区提出了碳中和目标。多数国家和地区在碳达峰时基本完成了工业化和城镇化，人均国内生产总值达到 2 万美元以上，人均碳排放水平基本在 10 吨以上。发达国家的经验启示主要包括：推动能源清洁低碳发展，促进产业绿色转型，创新低碳技术，发展绿色建筑，减少交通运输业碳排放，发挥市场机制作用，增强碳汇与碳封存能力。

碳达峰碳中和是一场广泛而深刻的经济社会系统性变革，其影响因素非常复杂。但是，总体来看，供给侧、需求侧和固碳是实现碳中和的三个关键维度。借鉴国际经验，结合实际情况，我国实现"双碳"目标的总体路径为：供给侧通过推动能源结构低碳转型，构建以新能源为主体的新型电力系统，加快电网配套体系建设，逐步形成以新能源为主体的能源供给体系；需求侧通过推动产业绿色低碳转型升级，发展低碳工业园区和绿色建筑，构建绿色低碳交通运输体系，倡导绿色低碳生产生活方式，逐步构建低碳生产生活体系；通过巩固提升生态系统碳汇能力和探索各种固碳技术，从终端实现碳去除。

为了更好地推动实施"双碳"目标，构建以顶层设计为统领、以统计核算体系为基础、以监督考核机制为保障、以政策导向体系为指引、以绿色创新技术为支撑、以推动国际气候治理合作为己任的政策保障体系。

基于我国碳排放和能源转型的现实，建议通过实施五个重大行动推动实现碳达峰碳中和目标：强化大电网的电力跨区域配置功能，实现清洁电力灵活可靠、经济便捷地供给；以清洁能源就地消纳利用为导向，推动产业空间布局的重构；构建全国统一的碳交易市场，并推动与国际市场的互联互通；开展碳中和试点示范，探索新经验、新模式；加快农村生物质能、太阳能和风能等可再生能源的应用，构建新型农网体系，实施农村新能源革命。

# 一、碳达峰碳中和的目标

我国作为全球最大的能源消费国和温室气体排放国，一直积极推动全球应对气候变化的进程。在 2015 年巴黎气候大会上，我国提出到 2030 年单位国内生产总值二氧化碳排放比 2005 年下降 60%—65% 的目标，非化石能源在一次能源消费中的占比提升到 20% 左右，到 2030 年前实现二氧化碳排放达峰，并努力早日碳达峰。

2020 年 9 月 22 日，在第七十五届联合国大会一般性辩论上，习近平总书记宣布：中国将提高国家自主贡献力度，采取更加有力的政策和措施，二氧化碳排放力争于 2030 年前达到峰值，努力争取 2060 年前实现碳中和。这是我国在《巴黎协定》之后第一个长期气候目标，也是我国首次向全球明确了实现碳中和的时间表。

2020 年 12 月 12 日，习近平总书记在气候雄心峰会上进一步宣布中国国家自主贡献新举措：到 2030 年，中国单位国内生产总值二氧化碳排放将比 2005 年下降 65% 以上，非化石能源占一次能源消费比重将达到 25% 左右，森林蓄积量将比 2005 年增加 60 亿立方米，风电、太阳能发电总装机容量将达到 12 亿千瓦以上。

2021 年 10 月 24 日，中共中央、国务院印发了《关于完整准确全面贯彻新发展理念做好碳达峰碳中和工作的意见》；同年 10 月 26 日，国务院印发了《2030 年前碳达峰行动方案》。碳达峰碳中和"1 + N"政策体系正在加快形成，相关目标将进一步细化落实到各地和各个行业部门，为实现"双碳"目标指明方向。具体如图 1 - 1 所示。

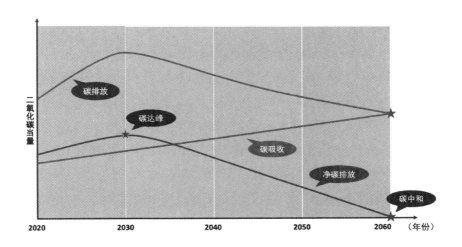

图 1 - 1 碳达峰碳中和目标示意图

## 二、我国碳排放现状分析

### （一）碳排放总量

根据英国石油公司（BP）发布的数据，2000—2020年，我国二氧化碳排放量由33.6亿吨二氧化碳当量上涨至99.0亿吨二氧化碳当量，涨幅达到195%，年均增速5.55%。其中，前10年增长速度最为显著，年均增速9.25%，2010—2020年增速为1.97%，近10年碳排放增速已明显放缓，占全球比例从14.2%攀升至30.7%（详见图1-2）。

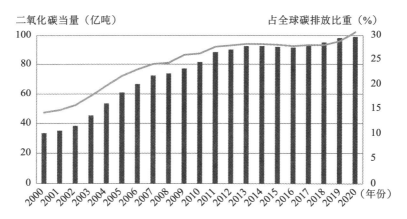

图1-2 中国二氧化碳排放趋势及占全球碳排放比重

国内外众多研究机构对我国二氧化碳排放峰值开展了持续研究。综合各方面研究成果，预计到2030年左右，我国实现碳达峰的峰值可能在100亿—120亿吨，人均碳排放量约在7.5—8.5吨；到2035年，二氧化碳排放将比峰值年份显著下降。

### （二）碳排放结构

根据国家公布的2014年中国温室气体排放清单，在不包括土地利用、土地利用变化和林业（LULUCF）时，2014年中国温室气体排放总量为

123 亿吨二氧化碳当量，其中，能源活动产生的碳排放（95.59 亿吨二氧化碳当量）占比达到 77.71%，工业生产过程碳排放占比为 13.96%，农业活动和废弃物排放分别占比 6.75% 和 1.58%（见图 1 - 3）。从温室气体种类看，二氧化碳是温室气体排放的主要来源（102.75 亿吨），占温室气体排放总量的 83.5%，其次是甲烷，占比 9.1%，氧化亚氮和含氟气体各占5.0% 和 2.4%（见图 1 - 4）。

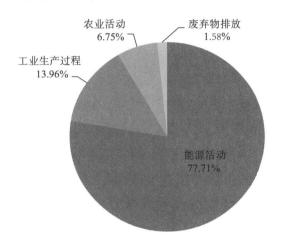

图 1 - 3　中国温室气体排放领域构成（2014 年，不包括 LULUCF）

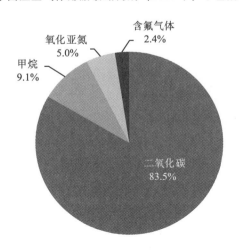

图 1 - 4　中国温室气体排放构成（2014 年，不包括 LULUCF）

## 三、碳达峰碳中和面临的挑战

"双碳"目标的提出,充分展现了应对气候变化的中国雄心和大国担当。同时,也意味着我国作为世界上最大的发展中国家、最大的碳排放国和能源消费国,要用历史上最短的时间实现从碳达峰到碳中和,将面临巨大的挑战。

### (一)碳排放总量控制面临严峻挑战

#### 1. 碳排放量全球第一的外部压力

作为全球第一大碳排放国,我国碳排放总量已超过美国与欧盟的总和,巨大的碳排放总量和高全球占比使我国面临巨大的碳减排压力,在国际气候谈判中也面临极大的挑战。

早在 2001 年 3 月,布什政府就将"发展中国家也应该承担减排和限排温室气体的义务"作为拒绝批准《京都议定书》的主要借口,矛头直指中国。哥本哈根气候大会上,以美国为首的发达国家纷纷以中国尚不承担强制性减排义务为借口,为自己的减排不力开脱。哥本哈根气候会议之后,全球应对气候变化面临新的挑战,发达国家表现出强烈的气候谈判单轨制倾向,中国等发展中国家承受的减排压力直线上升。2015 年《巴黎协定》开创了以"国家自主贡献"为核心的全球气候治理新模式,虽仍坚持"共同但有区别责任原则",但发展中国家也不得不开始承担量化减排责任。特别是近两年,随着全球极端气候事件频发,国际社会不断向主要经济体施加碳减排压力,我国面临的国际谈判压力和国内碳减排压力越来越大。

#### 2. 碳锁定效应下控能与控碳的内在难度

我国一次能源消费总量保持快速增长。2000 年以来,我国工业化和城市化的快速推进驱动能源消费量上升,从 14.7 亿吨标准煤增至 49.8 亿吨标准煤,年均增速为 6.29%。能源消费总量占全球的比重由 2000 年的 10.76% 上升至 2020 年的 26.13%,一次能源消费总量超过全球的四分之一，是世界上最大的能源消费国（见图 1 – 5）。

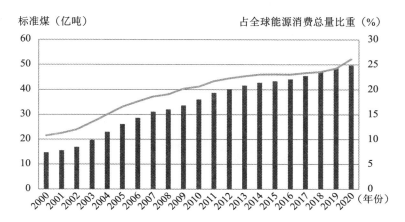

图 1 – 5　中国能源消费总量及占全球比重

数据来源：国家统计局、英国石油公司①。

我国人均能源消费仍有较大的上升空间。2000—2019 年，我国人均一次能源消费持续上升，从 1.12 吨标准煤/人增至 3.37 吨标准煤/人，并在 2009 年超过全球平均水平，年均增幅 5.96%。但 2019 年我国人均一次能源消费量仍低于发达国家水平，约为美国人均能源消费量的三分之一，德国人均能源消费量的三分之二（见图 1 – 6）。

我国能源消费需求增长不可避免。随着现代化和城镇化进程的推进，社会发展及居民生活水平逐步向发达国家看齐，各行业及居民用能需求仍将迎来大幅增长。中国石油天然气集团公司（CPNC）和全球能源互联网发展合作组织均认为，在 2060 年碳中和情景下，我国一次能源消费需求将在 2035 年左右达峰，峰值在 56 亿—61 亿吨标煤。

能源活动是我国最主要的碳排放源，在能源消费需求不可避免增长的情况下，以化石能源为主的能源消费现状形成了碳锁定效应，导致碳排放量也将相应增长。根据我国向联合国气候变化框架公约秘书处提交的《中华人民共和国气候变化第三次国家信息通报》，在考虑推动经济转型升级

① Dudley B，"BP statistical review of world energy"（BP Statistical Review，London，UK，2020）.

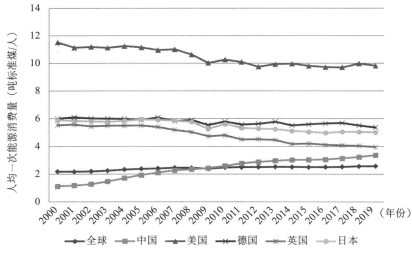

**图 1-6　全球及主要国家人均一次能源消费量**

数据来源：英国石油公司。

的经济政策基础上，对未来的碳排放加以硬性控制约束，预测到 2030 年，我国能源活动二氧化碳排放约 98 亿—106 亿吨，考虑工业过程排放和森林增汇效果后的二氧化碳总排放量约 100 亿—108 亿吨。全球能源互联网研究院测算认为，我国将于 2028 年达峰，二氧化碳排放峰值为 109 亿吨。北京理工大学认为，我国有望 2025 年达峰，峰值水平为 108 亿吨。

3. 发展阶段对我国形成的现实挑战

我国实现碳中和时间紧迫。相较于欧洲和日韩等发达国家，我国所宣布的碳中和实现时点晚 10 年，但欧美发达国家从碳排放达峰到承诺的碳中和之间，所用时间比我国长（多在 40—60 年），而我国从碳达峰到碳中和只有 30 年时间。

表 1-1　　主要国家的碳排放达峰和承诺实现碳中和时间

| 国家 | 碳达峰时间 | 承诺碳中和时间 |
|---|---|---|
| 美国 | 2007 年达峰后，呈缓慢下降趋势，目前相对于峰值水平下降约 20% | 2050 年 |

续表

| 国家 | 碳达峰时间 | 承诺碳中和时间 |
|---|---|---|
| 英国 | 20 世纪 70 年代初达峰后，较长时间处于平台期，目前相对于峰值水平下降约 40% | 2050 年 |
| 德国 | 20 世纪 70 年代末达峰后，较长时间处于平台期，目前相对于峰值水平下降 35% | 2050 年 |
| 日本 | 2013 年的排放水平是历史最高，未来趋势有待观察 | 2050 年 |
| 中国 | 2030 年之前（预计） | 2060 年 |

我国与欧美国家处在不同的发展阶段，考虑到我国发展速度、经济规模以及资源禀赋，也会面临更大的挑战。全球多数发达国家碳达峰时，人均国内生产总值的起点水平为 3 万—4 万美元，欧盟国家偏低，基本在 2 万美元以上。2020 年，我国人均国内生产总值 1.13 万美元，即使到 2030 年碳达峰时，人均国内生产总值预计为 2 万美元，还是低于多数国家碳达峰时的人均国内生产总值水平。

我国距离发达国家碳达峰时的城镇化程度还有一定差距。根据第七次全国人口普查数据，我国城镇人口比例为 63.89%，较 2010 年上升 14.21 个百分点，取得历史性成就，但多数国家在碳达峰时城镇化率达到 70% 以上，日本甚至达到 91.23%。

我国人均碳排放量还有巨大上涨空间。根据国际能源署（IEA）数据，2019 年，中国人均二氧化碳排放 6.83 吨，而已实现碳达峰的国家在碳达峰时，人均碳排放量基本在 10 吨以上，其中美国碳达峰时人均碳排放量达到了 19.06 吨。

（二）能源低碳转型难度大

1. 高碳能源结构调整难

中国长期受"富煤、贫油、少气"的资源禀赋约束，煤炭在一次能源消费结构中占据绝对的优势，以煤炭和石油为主导的高碳能源消费结构仍将维持较长时间。2020 年，煤炭在能源消费总量中的占比约为 56.8%，石油、天然气分别占 18.9%、8.4%，化石能源占比达 84.1%，非化石能源

及其他仅占 15.9%。自 2000 年以来,煤炭和石油占比已分别累计下降
11.7 和 3.1 个百分点,天然气和非化石能源分别上升 6.2 和 8.6 个百分
点,能源清洁低碳结构转型初见成效(见图 1 – 7)。

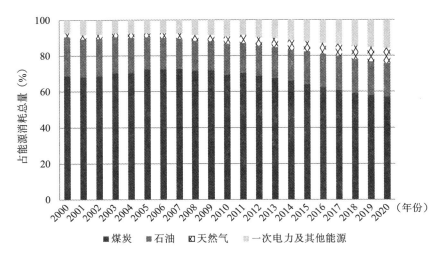

图 1 – 7　中国能源消费结构

数据来源:国家统计局。

以煤电为主的电力结构调整需要较长时间。根据中国电力企业联合会
数据,2020 年中国发电量中,火电的占比高达 67.9%,虽相较于 2000 年
已经下降 13 个百分点,但仍占据主导地位;水电发电量占比基本保持在
18% 左右;核电占比增长约 3.6 个百分点。从 2010 年开始,中国风电和光
伏发电装机容量大幅增长,2020 年风电和光伏发电量占比分别为 6.12% 和
3.42%(见图 1 – 8)。

2. 能源利用效率相对较低

2000 年以来,由于能源效率的提高、电力结构的清洁化和经济结构的
优化调整等,全球主要国家能源强度均加速下降。以 2015 年不变价美元计
算,全球能源强度从 2000 年的 0.15koe/ $ 2015p(公斤标准石油/2015 年
美元不变价格)下降至 2019 年的 0.11koe/ $ 2015p,下降 26%。美国的能
源强度下降 32%,并于近 10 年来保持与全球水平接近。欧洲各国的能源
强度普遍较低。

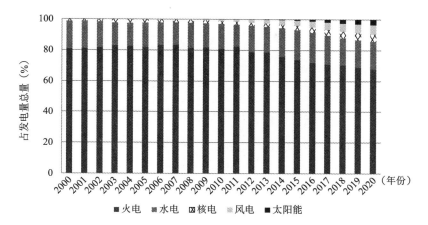

**图 1-8　中国发电量结构**

数据来源：中国电力企业联合会。

尽管我国能源强度也保持快速下降趋势，近 20 年来降幅达 43.5%，与全球及主要发达国家的能源强度水平的差距也在逐渐缩小。但是，以 2019 年数据为例，我国的能源强度比全球高出 16.5%，是美国的 1.15 倍、英国的 2.17 倍。具体如图 1-9 所示。

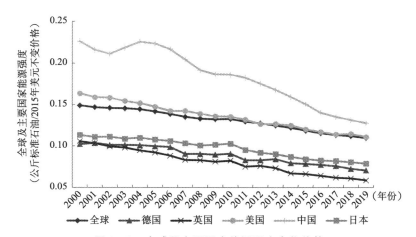

**图 1-9　全球及主要国家能源强度变化趋势**

数据来源：法国能源统计公司（Enerdata）①。

---

① Enerdata，"Global Energy Statistical Yearbook," 2021. https：//www. enerdata. net/publications/world - energy - statistics - supply - and - demand. html.

### 3. 可再生能源发展存在瓶颈

中长期来看，大力发展可再生能源，促进能源低碳转型是大势所趋。我国也提出了到 2030 年非化石能源占一次能源消费比重将达到 25% 左右，风电、太阳能发电总装机容量将达到 12 亿千瓦以上。截至 2020 年底，我国水电装机 3.7 亿千瓦、风电装机 2.8 亿千瓦、光伏发电装机 2.5 亿千瓦、生物质发电装机 2952 万千瓦，分别连续 16 年、11 年、6 年和 3 年稳居全球首位，风电和光伏占全球份额也都超过 30% 。

根据多家全球能源研究机构发布的未来能源发展趋势展望报告，"双碳"目标下，清洁电力需求将在未来 40 年内继续较快增长。从总量上看，根据能源转型委员会[①]的测算，我国要实现零碳经济，需要将发电量从目前的约 7 万亿千瓦时增加到 2050 年的 15 万亿千瓦时；从电力占比看，根据清华大学气候变化与可持续发展研究院[②]的测算，实现碳中和要求 2030 年将电气化占比提升到 30% 以上，到 2050 年进一步提升至 55% 。主流研究机构关于我国 2050 年能源结构转型的预测如表 1-2 所示。

但是，可再生能源发展仍存在不少瓶颈。首先，水电未来发展空间有限。我国可再生能源电力目前以水电为主，但我国主要的水电资源已开发过半，总体来看，由于受环保限制、资源开发难度影响，水电开发空间受限。其次，风电和光伏高速跨越式发展仍面临障碍。由于技术进步和发电成本大幅下降，风电和光伏将有巨大的发展前景，但在我国电力系统中，风电和光伏的高速发展仍存在障碍。例如，前几年出现的补贴资金缺口和"弃风弃光"率较高的问题；风电和光伏现阶段无法承担调峰调频等主力电源的职责，未来风光比重不断提升可能给电力系统的安全稳定性带来冲击等。最后，可再生资源供需空间错配问题仍未根本性解决。可再生资源丰富的地区和高需求地区错配，导致发电的系统成本升高。解决空间错配

---

① Energy Transitions Commission，"China 2050：a fully developed rich zero - carbon economy"（Energy Transitions Commission，Beijing，2020）.

② 清华大学气候变化与可持续发展研究院：《中国长期低碳发展战略与转型路径研究》，北京，2020。

表1-2　主流研究机构关于中国2050年能源结构转型的预测

| 机构 | 主要情景 | 煤炭（亿吨标准煤） | 石油（亿吨） | 天然气（万亿立方米） | 水电（万亿千瓦时） | 核电（万亿千瓦时） | 非水可再生（万亿千瓦时） | 风能（万亿千瓦时） | 太阳能（万亿千瓦时） | 非化石能源（万亿千瓦时） |
|---|---|---|---|---|---|---|---|---|---|---|
| 中国石油天然气集团有限公司 | 参考情景 | 30.4 | | 29.6 | | | — | | | 40 |
| | 碳中和情景 | 12.2 | 8.4 | 13.9 | 10.2 | 9.2 | 46.2 | — | — | 65.6 |
| 中国国家电网 | 常规转型情景 | 16.3 | 13 | 15 | 9.7 | 8.6 | 37.4 | 20.5 | 13.5 | 55.7 |
| | 电气化加速 | 15.3 | 9 | 11 | 10 | 9.2 | 45.5 | 24.7 | 16 | 64.7 |
| | 深度减排情景 | 12.9 | 7 | 11 | 10.8 | 9.7 | 48.6 | 25.8 | 17.4 | 69.1 |
| 英国石油公司 | 一切如常情景 | 29 | 15 | 15 | 9 | 9 | 23 | | | 41 |
| | 快速转型情景（对应2℃） | 7 | 9 | 13 | 11 | 11 | 48 | — | — | 70 |
| | 净零情景（对应1.5℃） | 4 | 5 | 12 | 12 | 12 | 55 | | | 79 |
| 落基山研究所 | 2050年零碳排放 | 6 | 1.4 | 7.5 | 10.8 | 7.2 | 67 | 27 | 21.5 | 85 |

注：英国石油公司的预测结果是全球情景下的中国贡献，其他机构结果为专门的中国情景。

困境，一方面，要从技术层面推动特高压、分布式、储能等技术的发展；另一方面，从制度层面需要打破电力系统地域间消纳的掣肘，加速我国电力市场改革。

4. 体制机制仍然存在梗阻

治理力度有待加强。国家碳达峰承诺的时间渐行渐近，但在"十四五"初的时间节点上，仍没有出台明确的峰值总量和具体的分地区、分行业实施方案，碳达峰技术和政策路线亟待清晰和完善。基础工作方面，关于能源和碳排放相关的数据信息统计制度仍不完善，目前有不同口径的碳排放或温室气体排放统计方法，尤其是地方层面的数据有效性和透明度问题更加突出，不利于能源转型目标制定和推进。

市场化难题有待破解。电力体制改革涉及不同诉求的利益主体众多，在社会主义市场经济条件下推进改革的复杂性巨大，改革过程仍将持续较长时间。例如，电网作为自然垄断主体，参与了增量配电业务和售电业务，不利于市场充分竞争。全国统一碳交易市场目前仍未进入常态化运行阶段，还有四方面的问题有待解决：首先是如何使排放配额总量设定机制与经济发展预期相衔接，使总量约束松紧程度适中；其次是如何纳入更多高排放行业，真正发挥市场化总量控制和减排作用；再次是如何与现存地方碳市场试点进行配额、方法学、行业等方面的协调；最后是如何与用能权交易、排污权交易等市场进行衔接。此外，我国绿色金融和气候投融资仍处于起步阶段，对能源转型的支持作用仍有待观察。

(三) 产业低碳转型压力大

1. 压缩型工业化带来的历史环境包袱

与传统的工业化国家相比，发展中国家的工业化过程显著缩短，这种缩短的工业化被联合国开发署环境专家康纳 (D. O. Conner) 称为"压缩型工业化" (Telescoping of Industrialization)。康纳在东亚环境问题的研究中，提出了这一概念。他指出，早期发达国家经历了几个世纪完成的工业化，在东亚国家却只花了数十年，因此工业化进程被大大压缩。压缩型工业化实际上是一种伴随着经济高速增长、产业结构发生急剧转变的过程。"二战"以后，工业化进程加快、产业结构急剧转变主要发生在后起之秀的东亚国家和地区。例如，韩国1965年国内总产值中，工业部门产值的比重为25%，到1990年已迅速上升到45%，农业部门同期则由39%下降到9%；我国台湾地区也是如此，工业部门的比重由1965年的29%上升到1990年的43%，农业部门同期则由27%急速下降到5%；其他国家，如泰国、印度尼西亚等，也是如此。东亚这些国家以及中国的工业化，都是典型的压缩形态的工业化。在压缩型工业化过程中，环境问题也表现出与传统发达国家不同的形态，即多样性和复合性，既有与贫困落后相关联的环境破坏问题，也有伴随高收入、工业化而产生的如汽车公害、有毒化学物质、固体废弃物剧增等与高水准工业化相关联的环境污染问题。

从我国来看，从新中国成立初期提出"赶英超美"、大力发展重工业，在短短20年左右时间建成完整的国民工业体系，到改革开放初期提出"三步走"战略、启动市场化改革，激发乡镇工业化与民营经济快速发展，都体现出压缩工业发展周期的赶超发展战略思路。这种"赶超"实际上是一种"非均衡赶超"，表现为过度依靠投资拉动，过度依靠拼资源、拼环境，最终走出一条粗放式发展路子。新中国成立之初，大力发展重化工业使钢铁、水泥、化工等高耗能产业迅速扩张，导致大量的能源消耗和资源投入。改革开放之后，这种"粗放发展"在东部发达地区尤为明显，如浙江、江苏、广东等经济发展先行地区，曾经要求"村村冒烟、处处点火"，在促进产业集群蓬勃发展的同时，也呈现出"低小散乱"等特征，大批企业均是从家庭作坊起步，生产技术落后、企业规模小、产品附加值低、布局分散无序，成为制约产业绿色发展的主要障碍。据统计，我国目前有4000多万家中小企业，其中80%以上存在环境污染问题，约占国内污染源的60%。在有限的资源存量与环境容量条件下，赶超战略下的压缩型工业化直接导致了环境污染问题频发、能源效率低下、碳排放增长，给我国的资源环境承载力带来了较大挑战。

尽管近年来我国越来越重视绿色发展，大力提升工业发展质量，工业实力和科技水平已经位居世界前列，但是整体上仍然没有完全摆脱压缩型工业化的"后遗症"，在大气、水、土壤等环境问题逐步得到缓解后，全球性的环境议题——控碳与应对气候变化更为凸显，与之相应的产业低碳绿色转型仍需全方位破局。

2. 高能高碳的产业结构亟须破局

我国制造业占比高，能耗强度高，导致能源消费和相应的碳排放总量大。长期以来，我国经济结构以第二产业为主，在国际贸易分工中承担着能源密集、劳动密集型的环节，经济增长走的是高耗能、高污染之路。2006年，欧盟碳达峰时，服务业增加值和制造业增加值占国内生产总值比重分别为63.7%和15.8%；2007年，美国碳达峰时，服务业增加值和制造业增加值占国内生产总值比重分别为73.9%和12.7%。而2020年，我国则分别为54.5%和37.8%（见图1-10），预计到2030年能够分别达到62%和22%左右，均明显高于欧美。产业结构特征决定了能源消费需求量大、比重高。

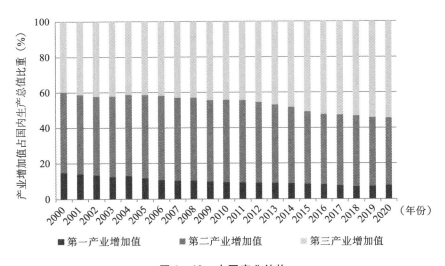

图1-10 中国产业结构

数据来源：国家统计局。

传统"三高一低"（高投入、高能耗、高污染、低产出）产业占比高，控能控碳形势严峻。2019 年，第一产业能源消费占比 2.1%；第二产业能源消费占比最高，达到 77.9%；第三产业能源消费占比 20.0%。在第二产业中，制造业能耗占比较高，制造业中能源消费总量排名前五位的行业分别是：黑色金属冶炼及压延加工业，化学原料及化学制品制造业，非金属矿物制品业，石油加工、炼焦及核燃料加工业，有色金属冶炼及压延加工业，它们在全国能源消费总量中的占比分别为 13.2%、10.9%、7.0%、6.1%、5.2%[①]。总体上，传统"三高一低"产业占比仍然较高，尤其是高耗能产业在能源消费中占据的比重居高不下，导致能源消费结构固化，对产业低碳转型产生负面影响。

3. 对统筹控能减碳与经济发展提出了更高要求

能源"双控"（即控制能源消费总量和能源消费强度）政策遏制"两高"项目盲目发展或将导致阶段性供需失衡。能源"双控"目标将有效遏制"双高"项目上马，并适当加快"两高"项目退出进程，但短期内将导致相关产品供给减少，节奏控制不当将出现市场供需失衡、价格异常波动等风险。例如，2021 年 8 月下旬以来的"限电潮"，表明部分地区缺乏能耗双控的系统谋划，而"一刀切"的限电降能耗的方式，对正常的生产和生活造成极大影响。

高能耗地区主导产业产能可能面临较大冲击，进而导致经济效益下降，给当地财政的可持续发展造成冲击。在低碳转型大背景下，新旧行业的就业人数此消彼长，但就业创造与就业损失间存在着时间、空间和技能的不匹配，传统制造行业失业群体难以在新创造的就业岗位中找到适合位置。当前，中国化石能源产业（规模以上工业企业）直接从业者高达 1250 万人。例如，煤炭大省山西因煤炭市场不景气叠加替代产业发展不完备，经济增速一度从 2013 年的 8.9% 降至 2015 年的 3.1%，一般公共预算收入从 2014 年的 1821 亿元降至 2016 年的 1557 亿元。

---

① 国家统计局能源统计司：《中国能源统计年鉴》，中国统计出版社，2020。

4. 低碳发展的技术支撑不足

制造业是我国的立国之基，不能过早去工业化。在"双碳"目标下，技术创新的需求逐渐增大。我国在能效、储能、消纳、负排放等许多关键低碳技术和软实力方面还存在很多短板和缺项，企业创新能力和创新动力不足，科研机构成果转化面临障碍。如何在清洁能源运输优化、存储等技术上实现突破，碳捕集技术如何实现有效应用、升级并逐渐趋于成熟等，均是"双碳"目标下面临的巨大挑战。

产业链、供应链面临绿色重构，高耗能行业脱碳技术及手段仍待探索。以钢铁行业为例，作为能源密集行业，钢铁行业脱碳的首要步骤是推动生产工艺转型，然而，目前我国钢铁工业电弧炉生产路线经济性不及高炉炼钢。此外，更彻底的低碳炼钢方式仍待技术突破实现规模化应用[1]。总体而言，我国改变现有生产制造流程势必需要整体产业链的技术变革。

在现有技术条件下，制造业运行成本将明显增加。若中国全面推行碳交易或碳税政策，根据中国石油集团经济技术研究院初步测算，在"双碳"目标下，未来的碳价将呈指数式增长，2030 年和 2050 年分别达 150 元/吨和 600 元/吨左右（在现有技术条件下），预计届时制造业碳排放分别为 30 亿吨和 15 亿吨，需要承担的碳排放成本分别将达到 4500 亿元和 9000 亿元。

# 四、实现"双碳"目标的路径

碳达峰碳中和是一场广泛而深刻的经济社会系统性变革，其影响因素非常复杂。但是，总体来看，供给侧、需求侧和固碳是实现碳中和的三个关键维度。因此，从供给侧推动构建以新能源为主体的能源体系，从需求

---

① 梁红、赵立建、张文艺、杨鹏、马骏：《迈向 2060 碳中和——聚焦脱碳之路上的机遇和挑战》，北京绿色金融与可持续发展研究院、高瓴产业与创新研究院，2021。

侧构建低碳生产、生活体系，并持续巩固提升碳汇能力是实现"双碳"目标的必由路径。

## （一）供给侧——构建以新能源为主体的能源供应体系

通过推动能源供给结构低碳转型、构建以新能源为主体的新型电力系统、加快电网配套体系建设，逐步形成以新能源为主体的能源供给体系。

1. 持续推动能源结构低碳转型

总体判断，要实现"双碳"目标，我国一次能源消费需求需在 2035 年左右达峰，峰值在 56 亿—61 亿吨标煤；化石能源需求在 2025—2028 年达峰；石油需求在 2025—2030 年达峰，峰值为 7 亿—7.5 亿吨；天然气在 2035—2040 年达峰，峰值在 5000 亿—5500 亿立方米。到 2050 年，煤炭在一次能源消费中的比重将下降至 10% 左右，石油比重在 7%—8%，天然气比重在 10%—15%，非化石能源比重有望提高至 65%—75%。到 2060 年，非化石能源比重达到 80% 以上，碳中和目标顺利实现。碳中和情景下，我国 2050 年一次能源结构的预测具体如表 1-3 所示。

表 1-3　碳中和情景下我国 2050 年一次能源结构的预测

| 机构/情景 | | 煤炭 | 石油 | 天然气 | 核电 | 水电 | 风能 | 太阳能 | 其他可再生能源 |
|---|---|---|---|---|---|---|---|---|---|
| 中国石油天然气集团有限公司 | 参考情景 | 30.4% | 29.6% | | | | 40.0% | | |
| | 碳中和情景 | 12.2% | 8.4% | 13.9% | 9.2% | 10.2% | 46.2% | | |
| 落基山研究所（2050 零碳情景） | | 6.0% | 1.4% | 7.5% | 7.2% | 10.8% | 27.0% | 21.5% | 18.5% |
| 清华大学 | 强化政策情景 | 25.2% | 11.4% | 11.9% | | | 51.5% | | |
| | 碳中和情景 | 9.0% | 7.7% | 10.0% | | | 73.3% | | |
| 能源转型委员会（2050 零碳） | | — | — | — | | | 25.2% | 20.4% | 17.6% |
| 英国石油公司 | 一切照常情景 | 29.0% | 15.0% | 15.0% | 9.0% | 9.0% | 41.0% | | |
| | 快速转型情景 | 7.0% | 9.0% | 13.0% | 11.0% | 11.0% | 48.0% | | |
| | 净零情景 | 4.0% | 5.0% | 12.0% | 12.0% | 12.0% | 55.0% | | |

续表

| 机构/情景 | | 煤炭 | 石油 | 天然气 | 核电 | 水电 | 风能 | 太阳能 | 其他可再生能源 |
|---|---|---|---|---|---|---|---|---|---|
| 中国国家电网 | 常规转型情景 | 16.3% | 13.0% | 15.0% | 8.6% | 9.7% | 20.5% | 13.5% | 3.4% |
| | 深度减排情景 | 12.9% | 7.0% | 11.0% | 9.7% | 10.8% | 25.8% | 17.4% | 5.4% |
| 国家发改委能源所 | | 11.0% | 7.0% | 16.0% | 66.0% | | | | |

注：英国石油公司的预测结果是全球情景下的中国贡献，其中，快速转型情景对应 2℃目标，净零情景对应 1.5℃目标；其他机构的结果为专门的中国情景。

一是压控煤炭消费，推动煤炭减量替代与高质量发展并重。在 2060 年碳中和目标约束下，煤炭比重将由 2020 年的 57% 下降至 2030 年的 45% 左右，并在 2050 年有望下降至 10% 左右。而在当前的国家自主贡献（NDC）政策或者强化政策（未考虑 2060 年碳中和目标）驱动下，煤炭消费比重在 2050 年仍将高达 25%—30%。因此，着眼于碳中和目标的煤炭减量路径应进一步加快，但在压减煤炭的同时也需考虑煤炭的可持续、高质量发展。尤其是 2030 年前，受发电、钢铁、建材及化工用煤的支撑，煤炭仍然处于峰值平台期，应注重煤炭的清洁高效利用，延长煤炭产业链，提高煤炭产业链价值，为煤炭富集地区找到集约化利用煤炭资源的发展之路。推动煤电清洁化改造和灵活性改造，抓住电力市场化改革机遇，推动煤电往备用机组、辅助服务等方向转型，确保能源电力安全、稳定供应。

二是推动石油消费在"十五五"时期尽早达峰，并加快电能、氢能替代。研究结果显示，碳中和情景下，我国石油消费将在 2025—2030 年达峰，峰值为 7 亿—7.5 亿吨，到 2050 年，石油需求将持续下降至 4 亿吨左右，石油比重将降至 10% 以下。目前，我国石油炼化能力已接近 10 亿吨，产能过剩问题日益突出，下一步需加快淘汰落后产能、推动技术创新，使石油炼化加快从炼油为主向化工品炼化转型。在终端用能领域，应加快实施电能替代、氢能替代。尤其是在交通领域，以电力和氢能取代化石燃料的利用是重要的深度脱碳技术。要加快发展和推广电动汽车技术以及氢燃料电池汽车技术，大力推广港口岸电等，有效控制终端石油消费增长。

三是适度提高天然气消费比重。研究结果显示，碳中和情景下，我国天然气消费有望在2035—2040年达峰，峰值水平在5000亿—5500亿立方米，这意味着天然气需求在较长时间内还将持续增加。发电、工业、居民和公共服务业等主要应用领域的用气需求都将持续扩大，天然气仍是中国未来能源清洁化转型的重要桥梁能源，作为主体能源之一的地位在很长一段时间不会改变。

四是加快非化石能源发展。我国已承诺到2030年非化石能源占一次能源消费比重将达到25%左右，风电、太阳能发电总装机容量将达到12亿千瓦以上。研究结果显示，碳中和目标约束下，非化石能源比重在2050年有望提高至65%—75%。未来，要通过安全高效发展核电，因地制宜发展水电，大力发展风电、太阳能、生物质能，高效开发利用地热能，前瞻布局绿色氢能、海洋能等，加快非化石能源的开发利用。

2. 构建以新能源为主体的新型电力系统

通过总结主流机构对我国电力结构调整的预测可以看出，碳中和情景下，电力结构将加速向清洁化、低碳化和多元化方向转型，电力需求将长期保持增长。到2050年，全社会电力需求总量预计可达到13万亿—14万亿千瓦时，是当前电力需求总量的近2倍，发电装机总量预计将达到55亿—60亿千瓦。风电和太阳能将成为未来电力系统的主力电源，发电装机容量占比将达到70%—80%。核电和水电也是重要的清洁电源，装机容量占比在13%—15%。煤电和气电仍将为支撑电力系统的安全运行发挥作用，但需配置碳捕集、利用与封存（CCUS）技术实现零碳电力输出，火电在电力系统的地位将由主力电源转型为保障电源，发电装机容量占比将降至10%以下，并在2050—2060年的全面中和期继续保持下降。碳中和情景下我国发电装机结构展望具体如表1-4所示，发电量结构展望具体如表1-5所示。

表 1 - 4 　　　　　　　　碳中和情景下我国发电装机结构展望

| 机构/情景/年份 | | 煤电(含CCUS) | 气电 | 核电 | 水电 | 风电 | 太阳能发电 | 生物质发电(含CCUS) | 发电总装机(GW) |
|---|---|---|---|---|---|---|---|---|---|
| 清华大学(2050年) | 碳中和情景 | 3.4% | 3.5% | 5.8% | 7.3% | 40.7% | 38.8% | 0.7% | 5686 |
| | 2050零碳情景 | 2.9% | 3.2% | 5.2% | 6.6% | 43.6% | 37.7% | 0.8% | 6284 |
| 落基山研究所(2050零碳情景) | | — | — | 3.2% | 7.7% | 33.8% | 35.2% | — | 7100 |
| 全球互联网发展合作组织(碳中和情景) | 2030年 | 27.6% | 4.9% | 2.8% | 14.6% | 21.1% | 27.0% | 3.6% | 3800 |
| | 2050年 | 4.0% | 4.4% | 2.7% | 9.9% | 29.3% | 46.0% | 2.3% | 7500 |
| | 2060年 | 0 | 4.0% | 3.1% | 9.5% | 31.3% | 47.5% | 2.3% | 8000 |
| 国家电网(碳中和情景) | 2035年 | 26.0% | 5.0% | 4.0% | (10.0+3.0)% | 20.0% | 29.0% | 2.0% | 4730 |
| | 2060年 | 8.0% | 5.0% | 4.0% | (9.0+4.0)% | 30.0% | 37.0% | 3.0% | 5620 |

注：国家电网的水电装机区分了水电和抽水蓄能。

表 1 - 5 　　　　　　　　碳中和情景下我国发电量结构展望

| 机构/情景/年份 | | 煤电(含CCUS) | 气电 | 核电 | 水电 | 风电 | 太阳能发电 | 生物质发电(含CCUS) | 电力总需求(万亿千瓦时) |
|---|---|---|---|---|---|---|---|---|---|
| 清华大学(2050年) | 碳中和情景 | 6.5% | 3.0% | 17.9% | 11.2% | 37.1% | 22.6% | 1.8% | 13.1 |
| | 2050零碳情景 | 6.3% | 2.7% | 16.4% | 10.3% | 40.2% | 21.7% | 2.2% | 14.3 |
| 落基山研究所(2050零碳情景) | | 7.0% | — | 10.0% | 14.0% | 70.0% | | — | 5.0 |
| 中石油经研院(碳中和情景) | 2035年 | 非化石能源发电占比53.0% | | | | | | | — |
| | 2050年 | 20.0% | | 28.0% | | 52.0% | | | 13.0 |
| 国家电网(碳中和情景) | 2035年 | 32.0% | 4.0% | 12.0% | 15.0% | 19.0% | 14.0% | 4.0% | 12.6 |
| | 2050年 | 12.0% | 4.0% | 82.0% | | | | | 13.9 |
| | 2060年 | 8.0% | 4.0% | 12.0% | 14.0% | 33.0% | 24.0% | 6.0% | 14.0 |
| 全球互联网发展合作组织(碳中和情景) | | 预计2030年、2050年、2060年的全社会用电量分别为10.7万亿千瓦时、16.0万亿千瓦时、17.0万亿千瓦时 | | | | | | | |

基于以上判断，得出以下电源结构转型路径：

一是压控煤电和终端用煤。煤电碳排放占能源排放总量的 40%，控煤电是碳达峰的最重要任务，重点要控总量、调布局、转定位。控总量，即确保煤电 2025 年左右达峰，峰值控制在 11 亿千瓦左右，到 2030 年进一步降至 10.5 亿千瓦，到 2050 年，煤电装机规模压减至 2 亿—3 亿千瓦，同时，保留的煤电装机需配备 CCUS 装置。调布局，即压减东中部低效煤电，新增煤电全部布局到西部和北部地区，让东部地区率先实现碳达峰。转定位，即实施煤电灵活性改造和节能降碳改造，提升调峰能力，推动煤电加快从基础性电源向基础性和系统调节性电源并重转型，更好促进清洁能源发展。同时，大力压降散烧煤和工业用煤，将终端用煤主要调整用于清洁发电。需注意，煤电转型应避免先建后拆、重复投资，应严控煤电总量、优化布局，推动煤电机组合理有序到期退役，配合好风、光等清洁电力开发的节奏，并可适当通过机组延寿和技术改造对电力系统安全运行做支撑保障。通过电能替代、优化用能等方式，煤电在从电力系统"主体电源"向"提供可靠容量、电量和灵活性调节型电源"的转变过程中，应逐步承担更多的系统调峰、调频、调压和备用功能，并最终逐步被其他新能源替代。

二是大力开发风、光等可再生能源电力。加快推进大型风电、光伏基地建设，鼓励就地、就近开发利用。在碳中和目标下，国家已经承诺，到 2030 年，风能和太阳能发电总装机容量达到 12 亿千瓦以上，模型预测结果显示，到 2050 年，我国风、光等可再生能源发电装机将达到 40 亿—45 亿千瓦，占发电装机总量的比重将达到 70%—80%。其中，陆上风电、光伏发电将快速增长，逐步成为我国电源结构的主体，海上风电、光热发电技术逐步成熟，但发展规模受限于其经济性、资源分布和接入条件等，增长空间和总体占比有限。

三是积极、安全、有序发展核电，因地制宜发展水电。核电是清洁、可靠的电源，在风电、光伏大规模发展和高比例上网的情况下能够对系统电力电量平衡做出较大贡献，未来，应当在确保安全的前提下有序发展核电。水电受到资源条件限制，增长潜力也相对有限，未来主要在西南水电资源丰富的地区，因地制宜开发水电。在碳中和情景下，到 2050 年，核电和水电装机容量之和预计将增长到 7.5 亿—8 亿千瓦，比当前的装机容量之和规模翻番，占发电装机总量的比重将达到 13% —15% 。

四是气电的增长空间主要受到成本因素制约。气电是相对清洁的可靠电源，但受到用气成本高和能源安全因素（天然气对外依存度持续增高）的制约，难以成为主力电源。在燃气发电经济竞争力有限的情况下，东部地区因环保相关政策限制煤电发展，为气电创造了一定的发展空间，尤其是依靠政策支持的燃气热电联产、冷热电三联供与园区分布式能源机组具备一定的发展潜力。

3. 加快电网配套体系建设

目前的电网系统尚且无法消纳以风能和太阳能为主的新能源大规模、高比例地接入，必须构建新型电力系统。电力供给侧构建多元化清洁电力供应体系，提升煤电、核电、水电等多种电源的灵活性和压舱石作用；电力消费侧全面推进电气化、虚拟调峰、需求侧响应和全社会刚性节能提效，提升可再生能源电力的电网友好性和多元化利用；电网侧是电力供需平衡的桥梁和纽带，应推进能源互联网平台升级，发展新一代的现代化电网、智能电网，为一切清洁、低碳能源电力的大面积优化配置和用户的灵活用能、刚性节能提供支撑，为可再生能源高比例发展，提供安全可靠、灵活方便的服务。

应构建如下以新能源为主体的新型电力支撑体系：

一是对现有电网进行升级改造，打造安全可控、灵活高效、智能友好的柔性智能电网，以适应大规模新能源接入和灵活电源调峰。

二是大力发展新能源发电技术，研发大型化、轻量化、低成本的风力发电技术，研发高效、低成本的太阳能发电技术及生物质发电技术，大力推进地热能、海洋能等资源的开发利用；坚持集中式与分布式并举，优先推动风能、太阳能就地、就近开发利用。

三是尽快突破大规模、低成本的储能技术，因地制宜发展抽水蓄能，降低电化学储能成本，探索压缩空气储能、制氢储能等技术，统筹推进氢能"制储输用"全链条发展。

四是推进"源网荷储"一体化协同互动，统筹好电源侧、电网侧、用户侧的功能与需求，促进新能源与电网、新能源与灵活调节电源协调发展。

五是发挥大电网、大市场在资源配置中的决定性作用，加快建成以特高压电网为骨干网架、各级电网协调发展的中国能源互联网和统一高效的全国电力市场，推进以"风光水储输"联合方式实现能源大范围经济高效配置。

六是深入推进电力体制改革。全面推进电力市场化改革，加快培育发展配售电环节独立市场主体，完善中长期市场、现货市场和辅助服务市场衔接机制，扩大市场化交易规模；推进电网体制改革，明确以消纳可再生能源为主的增量配电网、微电网和分布式电源的市场主体地位；加快形成以储能和调峰能力为基础支撑的新增电力装机发展机制；完善电力价格市场化形成机制，从有利于节能的角度深化电价改革，理顺输配电价结构，全面放开竞争性环节电价等。

## （二）需求侧——构建低碳生产、生活体系

通过推动产业绿色低碳转型升级，发展低碳工业园区和绿色化建筑，构建绿色低碳交通运输体系，倡导绿色低碳生产生活方式，逐步构建低碳生产生活体系。

### 1. 推动产业绿色低碳转型升级

在"双碳"目标下，传统产业发展模式难以为继。加快重化工业绿色化改造，积极培育绿色低碳发展新动能，推动产业绿色低碳转型升级是必然趋势。

一是加快重化工业绿色化改造。重化工业是能源消费和碳排放的重点领域，推动绿色低碳转型是实现"双碳"目标的重要路径。深化供给侧结构性改革，调整产业和产品结构，减少低效和无效供给，提升供给质量，

实现重化工业的减碳发展。推动构建上下游相结合的一体化产业链，以集群化、规模化发展为基础，优化能源结构、工艺流程，构建循环经济产业链，探索重化工业碳减排的发展模式。在坚持生态环境承载力的前提下，推进重化工业产能布局优化，引导高碳排产业向可再生能源富集地区转移，构建低碳生产体系。

二是积极培育绿色低碳发展新动能。构建以市场为导向的绿色技术创新体系，充分利用数字技术赋能，培育绿色低碳发展新动能。加快发展数字经济、新一代信息技术、智能装备、新材料、生物医药、新能源、节能环保等低碳、高效的战略性新兴产业和现代服务业，使经济发展与化石能源消费脱钩。推动数字赋能，实现数字经济与实体经济的深度融合。应用工业互联网、大数据、人工智能等数字技术优化资源配置，提升资源配置效率；利用数字技术改进生产工艺流程，提高设备运转效率，提升生产过程管理的精准性，实现生产效率和节能减排"双提升"。

2. 发展低碳工业园区和绿色建筑

建筑行业和产业园区是我国碳排放的主力。从全生命周期来看，建筑行业的碳排放量超过全国总量的50%，工业园区碳排放量达到全国总量的31%。深入推动建筑和工业园区的绿色低碳发展对实现"双碳"目标至关重要。

一是推进绿色低碳园区建设。工业园区是我国重要的工业生产空间和主要布局方式，也是工业化和城市化发展的重要载体。园区具有集聚性、规模性优势，基础设施集约化程度高，行政管理体系相对独立、高效，系统性节能减排方面得天独厚的优势，是实现精准减排的关键落脚点。开展园区绿色低碳发展水平评估，并进行分类、分级，明确各类、各级工业园区低碳化转型的行动重点。制定工业园区低碳发展分类指导路线图，根据碳减排路径分类构建政策、技术层面的碳减排工具包，为园区低碳发展提供指引。建立统领性的指导和监管部门，通过自上而下、层次完整的一体化管理、监督及评估体系，研究制定并完善支持试点示范的产业、财税、投资、金融、技术、消费等方面的配套政策。选择一批绿色发展基础好、产业体系优势足、经济实力有保障的工业园区开展碳达峰碳中和示范试点。

二是从全生命周期推进绿色建筑发展。建筑行业的碳排放主要集中在两头，建材生产占比 28%，运行阶段占比达到 22%，施工阶段占比 1%。因此，要从全生命周期推动建筑行业减碳。按照国家碳达峰碳中和工作意见和行动方案，制定建筑行业碳排放达峰和中和总体方案，建立涵盖建材、建造和运营全过程、全产业链的绿色建筑标准体系。构建完善的监管体系，开展建筑能耗和低碳发展评估。做好增量建筑管理和存量建筑绿色改造，对于增量建筑从项目审批、建设、运营和监测、监督方面做好全过程管理；对于存量建筑建立相关机制，结合城市更新、社区改造推进节能化和绿色化改造。

三是做好绿色建筑技术创新的推广应用。出台相关政策鼓励技术创新，促进绿色建筑材料和节能减排设备的自主创新。积极探索零碳建筑、零能耗建筑、智慧建筑，加快推广建筑科技、装配式建筑、绿色建材、新能源、数字技术的应用。

3. 构建绿色低碳交通运输体系

交通运输行业的碳排放量约占全国碳排放总量的 10%。当前，我国交通运输尚处于较快发展阶段，交通运输需求仍将在较长时间内呈现增长态势。交通运输行业亟待通过优化运输结构、优化燃料结构、加快基础设施绿色低碳化建设改造等措施推进碳减排。

一是优化交通运输结构。当前，公路运输还是交通运输业的重要组成部分，但公路运输绿色低碳观念较为薄弱，低碳减排效果尚未达到预期目标。在"双碳"目标下，要进一步优化公路运输管理模式，构建规范化评估体系，制定低碳评估法规、制度及具体实施方案，加强监督。加快调整运输结构，大力发展"公路＋水运""公路＋铁路运输"等多式联运，提高铁路和水运在综合运输中的承运比重。

二是加快交通工具电动化转型。通过交通工具的电动化转型推动碳减排。在保证运输企业完成生产任务、创造经济效益的前提下，引导其向电动化过渡。注重不同应用场景对车辆的需求，针对新能源车辆的特点，制定合理的技术路线，以达到经济效益、防治污染、保障运输、技术发展之间相互协调。以电池能量密度提升、续航里程增加、充电循环寿命提高以及加快充电速度作为技术支撑，满足营运车辆的电动化需求。同时，兼顾车辆维护维修、电池报废回收等体系同步建设，形成完整产业链。

三是创新驱动提高效率。加快组织模式创新，运用新技术、新方法、新理念推动新业态和平台经济发展，提升综合运输的效率。加快发展智能交通，提升供需精准匹配度，减少运输空驶率、空载率，提高运输效率，减少能源消耗和碳排放。

四是加快配套基础设施建设。目前，新能源汽车配套设施建设滞后，充电便利性问题影响电动化转型。加快推动相关配套基础设施建设是亟待解决的问题。政府相关部门应制定新能源汽车配套设施的发展规划与战略，加大新能源汽车相关配套设施建设的支持力度，建立完善的能源供应体系，提升整体充电效率。

4. 倡导绿色低碳生产生活方式

实现碳中和需要政府、企业和居民一致行动形成合力，碳中和必将深入改变企业生产行为和居民生活方式。推动形成绿色低碳生产方式和生活方式是从消费侧降低碳排放的根本举措。

一是加快推动终端能源消费电气化。电作为清洁高效的终端能源载体，电能消费占终端消费比重每提高 1 个百分点，能源强度可下降 3.7%。因此，电气化是推动实现碳中和的重要路径。能源消费侧应坚持"以电优先"，加强过程管控，建立监督考核制度，将电气化完成情况纳入生态环保考核指标体系；以技术进步驱动为引领，加大电能替代技术研发力度，促进电能替代技术快速迭代和成本降低；持续健全、完善终端电气化技术标准和行业准入制度，加强质量监管，提高新产品质量和可靠性；完善电力市场化交易机制，引导电能替代等电气化项目通过市场化方式降低用电成本。强化重点用能行业的电力化替代，推动工业部门通过提升自动化、智能化水平以及电供能设备技术经济性，深度拓展工业电气化，促进节能减排；推进建筑供冷、供暖电气化，鼓励利用建筑屋顶、墙壁发展分布式能源和储能系统，实现建筑内外部能源系统双向互动，大幅提高建筑用能的电气化水平；推动交通运输车辆电动化，积极发展轨道交通、港口岸电等，形成交通综合能源系统，加快推进交通电气化。

二是引领消费习惯低碳化转型。低碳生活方式更加注重实用性，倡导节约能源、降低能耗，从而减少二氧化碳等温室气体的排放，避免污染和破坏自然环境。政府、企业和环保组织等根据消费者心理因素、消费习惯等，采取相关策略引导消费者的绿色低碳消费行为。通过全社会普及宣讲，转变观念，引导市民形成绿色出行、绿色生活、绿色办公、绿色采购、绿色消费习惯。政府和企业为消费者的绿色行为提供便利，降低绿色消费转变成本。通过提升绿色产品功能价值和社会价值，让消费者感受到比传统产品明显的优势，从而愿意转变消费习惯。例如，在定价上，针对产品特性和目标顾客特点进行合理定价；在绿色产品认知度上，普及绿色标识，利用二维码溯源等手段公开绿色信息，提高绿色识别效率；在促销手段上，运用积分制等增加消费者的依赖性，量化消费者的绿色贡献，增加消费者感知效力。

（三）固碳技术消除碳排放

固碳技术手段包括传统的植树造林、恢复湿地等基于自然的增加碳汇的方式，以及新兴技术，包括利用碳捕集、利用与封存（CCUS）技术，生物质能碳捕集与封存（BECCS）技术，直接空气碳捕集（DAC）技术等进行人为固碳，固碳技术也被称为碳去除或负碳技术。

目前，关于 2060 年我国森林碳汇和 CCUS 等固碳潜力的研究结论还存在较大分歧，不同学者和研究均得出不同的结论。总的判断为，受资源、技术、经济性等因素影响，2055—2060 年，我国能源生产、消费以及工业非能利用领域预计还有一定的碳排放需要通过自然碳汇、碳捕集等措施予以解决，即解决碳中和"最后一公里"问题。有些学者认为，届时我国自然碳汇和碳捕集总计能够提供 15 亿—20 亿吨的负排放，可助力实现全社会碳中和目标；有些学者认为，考虑到技术进步和不确定性，如若 2060 年碳排放量可下降到 30 亿吨以内，基本可以通过固碳技术实现碳中和目标。

具体的路径和措施包括：

一是巩固提升生态系统碳汇能力。坚持"山水林田湖草沙"生命共同体理念，持续推进生态系统保护修复重大工程，着力提升生态系统质量和稳定性，为巩固和提升我国碳汇能力筑牢基础。以森林、草原、湿地、耕地等为重点，科学推进国土绿化，实施森林质量精准提升工程，加强草原生态保护修复，强化湿地和耕地保护等，不断提升碳汇能力。加强与国际标准协调衔接，完善碳汇调查监测核算体系。鼓励海洋等新型碳汇试点探索。

二是推进 CCUS 技术研发、示范和产业化应用。加强碳捕集与封存技术（CCS）和 CCUS 技术基础理论与应用研究。开展低损耗新型吸收剂的规模化制备及长周期运行评价，探索通过模块化降低捕集系统成本的技术路径及潜力，形成基于燃煤电厂的百万吨级 CCUS 系统优化与集成方案。依托示范项目验证与迭代升级关键捕集技术，不断降低捕集能耗、捕集成本。加快大规模、低成本二氧化碳捕集与地质利用关键技术在火电、冶金、化工、油气开采等领域的覆盖性和常规性应用研究。探索二氧化碳矿物转化、固定和利用技术研究；根据碳的地质封存机理、长期运移规律及预测方法，研究二氧化碳安全可靠封存与监测技术。

三是探索 BECCS 技术和大规模低成本 DAC 技术，研究推进通过人工光合作用让二氧化碳"变废为宝"的技术等。

# 五、政策保障体系

## （一）完善碳达峰碳中和的顶层设计

"双碳"目标的实现必须以完善的顶层设计为基础，明确总量控制目标，制定分地区、分领域、分行业的实施方案，并健全相关的法律法规和标准等配套体系。

一是持续完善顶层设计。我国已经陆续发布碳达峰碳中和的"1+N"顶层设计文件，搭建了推进"双碳"目标的政策框架体系，为推进实施碳减排奠定了坚实的基础。但是，我国尚未明确碳达峰碳中和的碳排放总量目标，以及各个区域和重点行业的碳达峰碳中和时间表和路线图。为了因地制宜、分类施策、有序推进"双碳"目标，还需要各部门和地区持续完善和细化相关文件。

二是健全法律法规体系。构建有利于绿色低碳发展的法律法规体系，加快应对气候法立法工作进程，探索碳中和立法，梳理现行法律法规中与"双碳"目标不相适应的内容，推进相关法律法规的修订，将温室气体管理的总量控制制度、评价考核制度、统计核算制度、标准化制度、信息公开制度、核算报告制度、排放权交易制度等核心制度纳入立法视野，增强相关法律法规的针对性和有效性，加强法律法规间的衔接协调。

三是完善国家规划体系。将碳中和规划纳入国家专项规划体系，建设国家、省、市、县碳中和五年专项规划体系，并将碳中和专项规划作为其他专项规划的指导，丰富以国家发展规划为统领，以空间规划为基础，以专项规划、区域规划为支撑的国家规划体系，从整体上推动碳达峰碳中和国家战略的落实。

四是引领构建标准体系。依托新能源产业全球领先的地位，在推进"双碳"目标的过程中完善新能源开发利用、工业绿色低碳标准体系，既保证我国的碳中和与国际接轨，又保护碳中和的发展成果。

（二）规范碳排放统计核算体系

统一规范的碳排放统计核算体系和精确的碳排放数据是科学、合理、精准地推进"双碳"目标的基础。我国已经初步建立了碳排放核算方法，但由于产业结构不断调整升级、技术持续更新迭代、碳排放相关的参数不断变化，核算工作仍存在边界不清、能源消费活动水平数据及部分化石能源碳排放因子选择不合理、不同机构的碳排放核算结果偏差大且缺乏年度连续性等现实问题，影响了核算数据的科学性和权威性。因此，碳排放核算统计体系亟待规范和升级。

一是建立统一规范的碳排放核算体系。统筹国内国际两个方面，加快建立既体现中国特色，又与国际衔接的统一规范的碳排放统计核算体系。进一步提升碳排放统计核算工作制度化、规范化水平，增强统计数据的时效性、准确性，提高碳排放数据的权威性。

二是加快探索应用新型碳排放核算方法和技术。加快研究基于大气浓度反演温室气体排放量的方法。推进碳排放实测技术发展，探索将大数据、云计算、人工智能等数字技术和碳卫星数据应用于碳排放量核算，提高统计核算水平。

（三）强化碳排放监督考核机制

加快构建以碳排放总量和碳排放强度为核心的直接控碳的碳达峰碳中和监督考核机制，将碳达峰碳中和工作相关指标纳入各地区经济社会发展综合评价体系，是推进落实"双碳"的重要抓手。

一是加快考核指标从控能向控碳转变。"双碳"目标的核心是控碳，而不是控能。目前，我国以能耗"双控"作为落实碳减排的重要考核指标。能耗"双控"关注的是控能，是从需求侧对能源消费总量进行"单向"控制，仅强调提高能源的使用效率。而"双碳"工作的关键是控碳，需要从供给端、消费端、固碳端"三端发力"推进减碳、固碳，强调提高能源生产、转化、储运和使用全过程的效率。能耗"双控"不能与"双碳"目标直接挂钩，只能间接影响碳排放，其控碳效果取决于能源的消费结构。随着能源脱碳进程加快，能源消费量增加并不会导致碳排放量相应增加，控能耗与控碳排的背离将日益加剧。因此，应该转变减排的理念，构建以碳排放总量和碳排放强度为核心的直接控碳体系。把减碳的核心转移到低碳新能源的利用，加大水电、风电、光伏、核能等低碳清洁能源的应用，既能够保障能源消费的合理增长，又从源头减少了碳排放。

二是将"双碳"目标纳入经济社会发展综合评价体系。碳达峰碳中和是经济社会的系统性变革，需要将相关目标纳入经济社会发展综合评价体系。因为经济发展不均衡，各区域碳排放情况也各不相同。应因地制宜，根据地区资源环境禀赋、产业布局、发展阶段等科学制定考核目标。配套完善的考核机制，做好动态跟踪、监督、考核工作。

（四）建立绿色低碳政策导向体系

充分发挥市场机制、金融和财税的导向作用，建立与碳达峰和碳中和相适应的绿色低碳政策导向体系，推进"双碳"行动方案的落实。

一是建立全国统一、衔接世界的碳交易市场。在碳排放总量指标的基础上，加快推进建设完善全国碳排放权交易市场，逐步扩大市场覆盖范围，丰富交易品种和交易方式，完善配额分配管理。探索碳交易市场与国际接轨，实现碳交易的互通互认。

二是探索完善碳减排财税制度。建立与绿色低碳发展相配套的财政税收政策体系。加强新能源产业和绿色低碳产业的财税扶持力度。加大绿色低碳发展关键核心技术研发的财税支持力度，解决"卡脖子"问题。整合现有的资源税、成品油消费税、车船税等与绿色低碳相关的税种，探索开征碳税，推动碳达峰碳中和的进程。

三是发挥绿色金融的支持和引导作用。绿色金融是推动实现"双碳"目标的重要工具。结合碳减排需求，完善绿色金融政策体系，建立健全绿色金融标准体系。加快绿色金融产品和服务创新，创设碳减排支持工具，引导金融机构为绿色低碳项目提供稳定的低成本资金支持。深化债券工具创新发展，探索转型债券、可持续挂钩债券等低碳融资工具。创新针对碳排放权的质押融资等金融产品。鼓励社会资本设立绿色低碳产业投资基金。

（五）加强绿色技术创新支撑

技术创新是驱动绿色低碳发展的重要动能。积极开展碳捕集利用与封存技术创新，推动新型储能、氢能等新技术的产业化，加强"双碳"目标的绿色技术支撑。

一是开展碳捕集利用与封存技术研发。碳中和的手段主要包括两大类碳汇和碳捕集利用与封存。由于碳汇的规模有限，碳捕集利用与封存是从终端解决碳排放的重要方式。2030 年碳达峰以后，如果化石能源消费总量不减少，每年排放总量中大约 90% 的碳中和要靠碳捕集利用与封存来实现。目前，英美发达国家在碳捕集技术研发、产业部署、资金支持、技术激励等方面已经走在前面。我国应把碳捕集技术纳入国家战略性新兴产业，推动产业化政策研究，加大研发支持和激励，建立重大基础设施研发平台，积极有序示范推广。

二是推进储能技术研发和转化应用。大力发展可再生能源是实现能源转型的必然路径，"可再生能源 + 储能"是可再生能源稳定规模化发展的关键。我国应强化储能应用基础研究，解决储能技术"卡脖子"问题，推进电化学储能、压缩空气新型储能技术攻关，进一步完善先进储能技术创新链和产业链，落实储能项目应用支持政策，加快储能技术的转化应用。

三是加强氢能技术研发。氢能的规模化开发利用是能源转型的重要支撑。美国、日本、韩国等发达国家均制定了氢能路线图，推进氢能技术研发和产业化布局。我国应强化氢能技术研发支持，全面布局氢能生产、储存、应用关键技术研发示范和规模化应用。

（六）积极开展国际气候治理合作

我国积极参与全球气候治理，为应对气候变化贡献中国智慧、中国力量，已经成为全球生态文明建设的重要参与者、贡献者和引领者。在此基础上，继续加强国际气候治理合作，掌握话语权，维护我国的发展权益。

一是积极参与构建全球气候治理体系。积极参与引领全球气候治理，参与应对气候变化国际谈判，参与国际规则和标准制定，推动共建公平合理、合作共赢的全球气候治理体系。坚持我国发展中国家定位，坚持共同但有区别的责任原则、公平原则和各自能力原则，维护我国发展权益。

二是加强应对气候变化国际交流合作。担当大国责任，履行《联合国气候变化框架公约》及《巴黎协定》，统筹国内外工作，主动参与全球气候和环境治理。继续加强与欧盟等发达国家和地区的合作，借鉴国际碳市场的发展经验和教训，完善我国碳市场的顶层设计，共同推动全球碳中和目标实现。继续推动应对气候变化"南南合作"，帮助发展中国家提高应对气候变化的能力。依托"一带一路"深化绿色技术、装备和基础设施等方面的合作，推动新能源产业走出去。

## 六、重大行动方案

基于我国碳排放和能源转型的现实，建议通过实施五个重大行动推动实现碳达峰碳中和目标：强化大电网的电力跨区域配置功能，实现清洁电力灵活可靠、经济便捷的供应；以清洁能源就地消纳利用为导向，推动产业空间布局的重构；构建全国统一的碳交易市场，并推动与国际市场的互联互通；开展碳中和试点示范，探索新经验、新模式；加快农村生物质能、太阳能和风能等可再生能源的应用，构建新型农网体系，实施农村新能源革命。

### （一）强化大电网体系的建设

强大的电网体系是我国能源跨区域配置、保障电力供给和能源安全的重要基础。在"双碳"目标下，清洁电力的跨区域调配和消纳对大电网提出了更高的要求。2019年，我国20条特高压线路共输送电量4485亿千瓦时，其中清洁电力占53%，为东中部地区减少2亿吨二氧化碳排放。随着清洁能源的大规模开发，预计到2030年，西部和北部的发电量将达到5.9亿千瓦时，占全国的比重为51%，而东中部地区用电量占全国的63%。大电网仍然是促进西部和北部地区清洁电力规模化开发利用、解决东中部电力紧缺、碳排放集中等问题的保障。

一是扩充特高压骨干通道。依托西部和北部风光能源基地电力外送，建设陕西—湖北、甘肃—山东、新疆—重庆、新疆—四川、新疆—湖北、青海—河南、甘肃—江苏等特高压直流输电通道。依托西南大型水电能源基地电力外送，建设四川—江西、白鹤滩—江苏、白鹤滩—浙江、金上—湖北、澜沧江上游—广东潮州、怒江上游—广东云浮等特高压直流输电通道。

二是加快特高压同步电网建设。华东、华中电网直流落点密集，随着直流馈入规模逐步提高，安全稳定风险持续提升。电网一旦发生交流故障，容易引发多回直流同时换相失败和直流闭锁，导致大量功率损失，带来严重频率稳定问题，存在大面积停电风险。因此，东部地区亟需加快形成"华北—华中—华东"特高压同步电网，提高电网的安全性和抵御严重事故的能力。

三是加快智能电网建设。针对风电、太阳能发电大规模并网，开展复杂大电网安全稳定运行和控制技术研究，突破智能电网技术，保障能源安全。大力发展智能微电网，加强分布式和集中式可再生能源发电及并网主动支撑、智能配电网高效运行、智能微电网高效集成、多元用户供需互动、能源互联网数字化支撑等技术和装备攻关。激励各类电力市场主体挖掘调峰、填谷资源，引导非生产性空调负荷、工业负荷、充电设施、用户侧储能等柔性负荷主动参与需求响应。

（二）推动产业空间布局重构

我国清洁能源的供给与需求存在空间错配。清洁能源主要集中在西部地区，能源需求主要集中在中东部地区。西部地区拥有全国 78.00% 的风能资源技术开发量，88.40% 的光伏资源技术开发量，81.46% 的水能资源。此前，西部地区的电力通过"西电东送"调往中东部地区，既解决了西部地区清洁电力消纳，又满足了东部地区经济发展的用电需求。但是，在"双碳"目标下，风电和太阳能发电将成为主要的电源，其电力跨区域输送还存在一些障碍，"西电东送"的能力赶不上清洁电力的增长速度。因此，以清洁能源的就地消纳为导向，推动产业的空间布局重构成为实现"双碳"目标的重要路径。

一是以清洁能源消纳为导向推动高耗能产业向西部转移。长期来看，能源消费增长是经济社会发展的基石，面向"双碳"目标与新能源为主体能源的新形势，需要采用"控碳不控能"的思维，放开清洁能源消费总量和消耗强度限制。为了鼓励更好地开发利用西部地区的清洁能源，在设置控碳目标的基础上，增加西部地区能耗指标，减少东部地区能耗指标，提高西部地区承接产业转移能力，压缩东部地区高耗能产业的发展空间，倒逼高耗能产业由东部地区向西部地区转移，探索打造若干新能源特区、碳中和特区，为全国碳中和与新能源协同发展提供示范。通过低碳新能源与高耗能产业的空间重组和协同发展，将高耗能、高碳排产业转变成高耗能、低碳排产业。

二是加快东部地区产业低碳转型升级。东部地区充分发挥人才、创新和资本优势，加快发展战略性新兴产业和生产性服务业，推动产业低碳转型升级，实现经济增长与能源消费、碳排放的脱钩。重点发展新一代信息技术、生物技术、新能源、新材料、高端装备、新能源汽车、绿色环保以及航空航天、海洋装备等战略性新兴产业，培育壮大产业发展新动能。以服务制造业高质量发展为导向，推动生产性服务业向专业化和价值链高端延伸，推动现代服务业与先进制造业、现代农业深度融合。加快发展核电、海上风电、分布式太阳能发电，持续提高清洁能源的供给能力，助力构建低碳产业体系。

三是制定差异化的区域控碳目标，兼顾能源安全与发展公平。统筹考虑不同区域的功能定位和发展水平，推动经济发达的东部地区率先实现"双碳"目标，适当降低承担国家能源安全、经济发展相对落后的西部地区碳排放总量目标，鼓励这些地区通过加快发展新能源来落实减排任务。充分考虑区域间的碳转移，通过以消费为导向的碳排放核算机制，调节能源输出和输入省份之间的碳排放总量目标。同时，将"双碳"工作与巩固脱贫攻坚成果相结合，贫困地区的碳排放量目标要综合考虑其生态功能区的碳汇作用。

（三）建立统一碳交易市场体系

在应对全球气候变化的背景下，建立全国性乃至全球性的碳市场是大势所趋。2021 年 7 月，我国在上海环境能源交易所正式启动全国碳排放权交易。首批纳入全国碳交易体系的是 2200 多家发电行业企业，涉及二氧化碳排放总量超过 40 亿吨/年。我国应加快将所有行业的碳排放纳入全国碳交易体系，并研究构建电力和碳排放相结合的"电—碳"市场，积极探索国际碳市场互联互通。

一是加快统一碳交易市场建设。目前，只有电力行业纳入全国碳交易市场。应加快碳交易市场扩容，将石化、化工、建材、钢铁、有色、造纸、电力、航空等重点碳排放行业纳入全国碳交易市场。

二是构建全国"电—碳"市场。我国电力交易市场与碳交易市场的参与主体高度重合，但是两个市场独立运行，缺乏有效协同。应该加快"电—碳"市场顶层设计，探索构建全国"电—碳"市场，完善交易机制，发挥市场对能源资源和碳排放的关键配置作用。

三是探索区域碳交易市场建设。以省级行政区、地级市的区域碳排放总量配额为基础，构建省际、城际碳配额交易市场，以市场化机制促进地方减碳，形成行业和空间全覆盖的多层次碳交易市场体系。

四是探索国际碳市场互联互通。欧美等国已在不断摸索中建立了区域性碳交易体系，欧盟碳排放权交易体系（EU–ETS）是全球第一个多国参与的区域性碳市场。作为最大的碳排放国，我国碳排放交易规模巨大，应该探索形成全球碳交易机制的中国方案。推动与国际碳市场实现碳配额互认，引进国外投资者参与我国碳市场交易。通过碳市场的融合，突破欧盟等国家和地区通过碳边境税对我国产品出口设置的碳壁垒。

（四）开展碳中和试点示范

开展区域碳中和试点和低碳技术应用试点，充分发挥示范引领作用，为全面实现碳中和探索路径、积累经验。

一是开展区域碳中和试点示范。确定一批城市、园区、企业作为碳中和示范试点，鼓励基础较好的区域率先实现碳达峰碳中和。

二是开展低碳技术试点示范。结合不同区域的资源禀赋和发展特点，推动开展风、光、储、氢等新能源开发利用技术和模式试点。在重点能耗行业开展节能技术试点。

（五）实施农村新能源革命

以"厕所革命""千乡万村沐光行动""千乡万村驭风计划"和整县推进光伏为基础，加快生物质能、太阳能和风能等可再生能源在农村生产生活中的应用，推动农村电网升级改造，提升农村用能电气化水平，实施农村新能源革命。

一是做好农村新能源革命的行动方案。以"厕所革命""千乡万村沐光行动""千乡万村驭风计划"和整县推进光伏为契机，全面统筹农村可再生能源的开发利用，制定从设备、安装、发电、上网全过程的行动方案，将新能源革命深度融入乡村振兴和共同富裕战略。

二是加强农村电网升级改造。随着新能源的开发利用，农村电网将由放射状无源网变为拥有大量分布式电源的有源网，传统的农网无法适应大规模、间隙性分布式电源的大规模接入。因此，要加快开展新型农网规划研究，完善农村配电网标准，推动农网升级改造，实现分布式电源有序建设和接入。

# 七、国际经验及启示

（一）已实现碳达峰国家的特征

目前，全球已有 54 个国家的碳排放实现达峰，占全球碳排放总量的 40%，其中大部分是发达国家。2020 年排名前 15 位的碳排放国家中，美国、俄罗斯、日本、巴西、德国、加拿大、韩国、英国和法国已实现碳达峰。这些国家总体特征如下：

碳达峰时，人均碳排放水平基本都在 10 吨以上。发达国家达峰时人均碳排放普遍高于 10 吨，如德国、丹麦、芬兰等达峰时人均碳排放为 13 吨左右，荷兰、爱尔兰 11 吨左右，而美国和澳大利亚达峰时人均碳排放高达 19 吨和 18 吨。

部分发达国家碳达峰时人均国内生产总值在 2 万美元以上，且碳达峰后经济增长速度会放缓。目前，已达峰的国家主要可以分为两类：一类主要为东欧国家，人均国内生产总值为 5000—1 万美元，这其中有一些国家是因为经济衰退和经济转型而碳达峰；另一类为德国、美国、日本等国家，人均国内生产总值在 2 万美元以上，这是因为严格的气候政策和经济快速发展实现了碳达峰，通常实现碳达峰后，经济增长速度明显下降。德国在 1990 年实现碳达峰，当年人均国内生产总值为 2.23 万美元，同年国内生产总值同比增速为 20 年来的最高水平（5.3%），此后 10 年的平均年增速约为 1.9%，低于碳达峰前 10 年平均水平（2.3%）；美国人均国内生产总值在 2007 年碳排放达峰时为 4.8 万美元，2010—2019 年的 10 年年均国内生产总值增速 2.3%，同样低于 1997—2006 年 10 年年均国内生产总值增速（3.36%）。

碳达峰时已实现高度城镇化。城市人口规模的扩张以及由于生活水平提高导致的居民消费模式的改变，使一个国家实现碳减排目标面临巨大压力，因此，城镇人口规模会影响一个国家的碳排放。不管是自然达峰，还是受政策驱动实现碳达峰的国家，在达峰时的城市人口占比均超过 50%，部分国家超过 70% 以上。例如，德国 1990 年城镇人口占比 73.12%，英国 1991 年城镇人口占比 78.11%，美国 2007 年城镇人口占比 80.27%，日本 2013 年城镇人口占比 91.23%。

第二产业占比在碳达峰后平稳下降。所有实现碳达峰的国家在达峰年工业增加值占国内生产总值比重都在 30% 左右，并且除波兰外，1990 年以后所有实现碳达峰的国家第二产业占比均逐年下降。主要是因为这些国家均处于后工业化阶段，主导产业大多以高加工制造业和生产性服务业为主。德国 1990 年碳达峰时，工业增加值占国内生产总值比重为 37.3%，随后逐年下降，基本稳定在 26% 左右的水平。英国碳达峰之前，第二产值占比一直在 35% 以上，1991 年碳达峰时降至 27.12%，2020 年降至 17%。美国 2007 年碳达峰时，第二产业占比 21.45%，且近 10 年占比均不超过 20%。部分已实现碳达峰国家主要指标具体如表 1-6 所示。

表 1-6　　　　　　　　部分已实现碳达峰国家主要指标

| 国家 | 碳排放总量达峰年 | 碳达峰时人均碳排放量（吨） | 碳达峰时人均国内生产总值（美元） | 碳达峰时人均城镇化率（%） | 2020 年工业增加值占比（%） |
|---|---|---|---|---|---|
| 德国 | 1990 | 12.027 | 22303.960 | 73.12 | 26.19 |
| 匈牙利 | 1978 | 8.254 | — | 63.48 | 25.25 |
| 挪威 | 2010 | 8.562 | 87693.790 | 79.10 | 25.93 |
| 罗马尼亚 | 1989 | 9.246 | 1817.902 | 52.50 | 26.37 |
| 法国 | 1979 | 9.636 | 11179.630 | 73.21 | 16.29 |
| 英国 | 1991 | 9.932 | 19900.730 | 78.11 | 16.92 |
| 波兰 | 1987 | 12.354 | — | 60.68 | 28.17 |
| 瑞典 | 1976 | 10.740 | 10868.280 | 82.80 | 21.59 |
| 芬兰 | 2003 | 13.756 | 32855.130 | 82.64 | 23.60 |
| 比利时 | 1973 | 14.255 | 4900.962 | 94.23 | 19.03 |
| 丹麦 | 1996 | 13.927 | 35650.710 | 85.01 | 20.82 |
| 荷兰 | 1996 | 11.199 | 29006.810 | 73.64 | 17.94 |
| 爱尔兰 | 2006 | 11.187 | 54283.070 | 60.74 | 39.09 |
| 奥地利 | 2005 | 9.266 | 38403.130 | 58.81 | 25.44 |
| 葡萄牙 | 2002 | 6.297 | 12875.320 | 55.67 | 19.22 |
| 澳大利亚 | 2009 | 18.207 | 42772.360 | 85.06 | 25.69 |
| 加拿大 | 2007 | 17.371 | 44659.900 | 80.40 | 24.03 |
| 希腊 | 2007 | 9.441 | 28827.330 | 75.20 | 13.91 |
| 意大利 | 2005 | 8.174 | 32043.140 | 67.74 | 21.51 |
| 西班牙 | 2007 | 7.842 | 32549.970 | 77.74 | 20.58 |
| 美国 | 2007 | 19.056 | 47975.970 | 80.27 | 18.16 |
| 日本 | 2013 | 9.892 | 40454.450 | 91.23 | 29.07 |

续表

| 国家 | 碳排放总量达峰年 | 碳达峰时人均碳排放量（吨） | 碳达峰时人均国内生产总值（美元） | 碳达峰时人均城镇化率（%） | 2020年工业增加值占比（%） |
|------|------|------|------|------|------|
| 新西兰 | 2006 | 8.199 | 26654.590 | 86.40 | 20.42 |
| 墨西哥 | 2012 | 4.099 | 10241.730 | 78.41 | 29.63 |

数据来源：国家碳达峰年份数据来自孙振清：《碳排放达峰规划思路——以优化开发区域为例》；其他指标数据来自世界银行。

## （二）提出碳中和目标的国家情况

全球已有超过120个国家和地区提出了碳中和目标，且大部分计划在2050年实现。2015年底的《巴黎协定》中，并没有直接提出碳中和或气候中和的目标，但其第四条提出，在21世纪下半叶实现温室气体源的人为排放与汇的清除之间的平衡，该目标可以视作净零排放。自2019年以来，欧盟、中国、日本、韩国等主要经济体相继提出碳中和目标，越来越多的经济体正在将碳减排行动转化为战略，目前全球已有超过120个国家和地区提出了碳中和目标，并且已提出长期减排战略，且把实现碳中和纳入讨论的国家和地区温室气体排放量占全球排放总量的65%，占世界经济总量的70%[①]。各国/地区碳中和（净零排放）承诺情况具体如表1-7所示。

表1-7　　　　　各国/地区碳中和（净零排放）承诺情况

| 国家/地区 | 目标年份 | 承诺形式 |
|------|------|------|
| 不丹 | 目前为碳负，并在发展过程中实现碳中和 | 《巴黎协定》下的自主减排方案 |
| 乌拉圭 | 2030 | 《巴黎协定》下的自主减排承诺 |
| 芬兰 | 2035 | 执政党联盟协议 |
| 奥地利 | 2040 | 政策宣示 |
| 冰岛 | 2040 | 政策宣示 |

① 创绿研究院：《2020年全球气候行动大事件回顾》。

续表

| 国家/地区 | 目标年份 | 承诺形式 |
|---|---|---|
| 瑞典 | 2045 | 法律规定 |
| 加拿大 | 2050 | 政策宣示 |
| 智利 | 2050 | 政策宣示 |
| 哥斯达黎加 | 2050 | 提交联合国 |
| 丹麦 | 2050 | 法律规定 |
| 欧盟 | 2050 | 提交联合国 |
| 斐济 | 2050 | 提交联合国 |
| 法国 | 2050 | 法律规定 |
| 英国 | 2050 | 法律规定 |
| 德国 | 2050 | 法律规定 |
| 匈牙利 | 2050 | 法律规定 |
| 爱尔兰 | 2050 | 执政党联盟协议 |
| 日本 | 2050 | 政策宣示 |
| 韩国 | 2050 | 政策宣示 |
| 马绍尔群岛 | 2050 | 提交联合国的自主减排承诺 |
| 新西兰 | 2050 | 法律规定 |
| 葡萄牙 | 2050 | 政策宣示 |
| 斯洛伐克 | 2050 | 提交联合国 |
| 南非 | 2050 | 政策宣示 |
| 西班牙 | 2050 | 法律草案 |
| 瑞典 | 2045 | 法律规定 |
| 瑞士 | 2050 | 政策宣示 |
| 中国 | 2060 | 政策宣示 |

资料来源：课题组根据公开资料整理。

从碳中和承诺方式来看，大部分国家和地区是以政策宣言的形式做出承诺。德国、法国、瑞典等多个欧盟成员国以立法的形式明确实现碳中和的政治目标，并提出实现碳中和的可行路径；西班牙等国家已形成了相关法律草案，为碳中和立法奠定了基础；多个国家以国家领导人在公开场合的政策宣示和提交联合国的长期战略的形式作出承诺，尚未形成可行性强的规范性文件。

### （三）发达国家的经验启示

尽管发展阶段与具体国情不同，但发达国家实现碳达峰的实践及碳中和的政策走向大致相同，主要包括以下几个方面：

#### 1. 推动能源清洁低碳发展

一是降低化石能源供应。为实现碳减排目标，全球多个国家均已采取措施降低对化石能源的依赖。2017 年，英国和加拿大共同成立"弃用煤炭发电联盟"，已有 32 个国家和 22 个地区政府加入，联盟成员承诺未来 5—12 年内彻底淘汰燃煤发电。德国计划 2022 年关闭四分之一的煤电厂，2038 年全面退出燃煤发电。瑞典 2020 年 4 月关闭了国内最后一座燃煤电厂。丹麦停止发放新的石油和天然气勘探许可证，并将在 2050 年前停止化石燃料生产。

二是发展清洁能源，提高能源利用率。可再生能源因分布广、潜力大、可永续利用等特点，成为各国应对气候变化的重要选择。德国于 2019 年出台了《气候行动法》和《气候行动计划 2030》，明确提出 2050 年可再生能源发电量占总用电量的比重达到 80% 以上。2021 年，英国发布了有史以来最大规模的可再生能源发展计划，拨款 2 亿英镑用于支持海上风电项目、5500 万英镑用于新兴可再生能源技术。美国 2009 年颁布了《复苏与再投资法》，重点鼓励私人投资风力发电，2019 年风能已成为美国排名第一的可再生能源。欧盟 2020 年 7 月发布了氢能战略，推进氢技术开发。

#### 2. 促进产业绿色转型

2020 年，欧盟委员会发布了新的《欧洲工业战略》，以帮助欧洲工业在气候中立和数字化的双重转型中发挥领导作用。该战略列出了欧洲工业转型的关键驱动因素，并提出了一套全面的未来行动计划，包括制定知识产权行动计划、推动欧盟内外公平竞争、高耗能行业脱碳（斥资 1000 亿欧元）、加强欧洲的工业和战略自主权、成立清洁氢联盟、绿色公共采购立法、持续关注创新等。

英国围绕本国传统优势发布"绿色工业革命 10 点计划"，并预计投资约 210 亿英镑（约合 1853.15 亿元人民币）的政府经费推动该计划执行。

美国以财政政策、税收政策和信贷政策为主，依靠市场机制促进衰退产业中的资本向新兴产业转移，推动钢铁工业、冶金工业、铝行业等重点行业的能源消耗呈持续下降趋势。

日本《2050 年碳中和绿色增长战略》对海上风能、电动汽车、氢燃料等 14 个重点行业设定具体计划目标和年限。

3. 发展低碳关键技术

新技术、可持续发展的解决方案和颠覆性创新是发达国家推动碳达峰碳中和目标的关键，也是保持全球竞争优势的核心。

欧盟把"地平线欧洲"项目至少 35% 的预算都用于研究应对气候变化的新解决方案，在各行业、各市场大规模部署推广新技术研究和示范。

德国出台了高技术气候保护战略，投入 70 亿欧元启动国家氢能源战略，通过技术创新打造德国在世界范围内有竞争力的可持续发展能力。

美国早在 1972 年就开始研究整体煤气化联合循环（IGCC）技术，并且碳捕获、利用与封存技术（CCUS）是美国气候变化技术项目战略计划框架下的优先领域，全球 51 个二氧化碳年捕获能力在 40 万吨以上的大规模 CCUS 项目中有 10 个在美国。

4. 发展绿色建筑，减少建筑物碳排放

出台绿色建筑评价体系，推广绿色能效标识。英国出台了世界上第一个绿色建筑评估方法——英国建筑研究院环境评估方法（BREEAM），全球已有超过 27 万幢建筑完成了 BREEAM 认证。德国推出了第二代绿色建筑评价体系 DGNB，涵盖了生态保护和经济价值。美国绿色建筑委员会（USGBC）早在 2000 年就开发出了能源与环境设计认证（LEED）系统；美国加利福尼亚州建筑标准委员会通过了全美第一个强制性的绿色建筑规范标准《绿色加州》（CalGreen）；面向新建和改建住宅项目，美国出台了 NGBS 评价体系，这是住宅的美国绿色建筑标准。此外，美国和德国分别实行了"能源之星"和"建筑物能源合格证明",标记建筑和设备的能源效率及耗材等级。

改造老旧建筑,新建绿色建筑。面对8成以上建筑年限已超20年、维护成本较高的现实,欧委会于2020年发布了"革新浪潮"倡议,提出要到2030年实现所有建筑近零能耗;法国设立了翻新工程补助金,计划帮助700万套高能耗住房符合低能耗建筑标准;英国推出"绿色账单"计划,以退税、补贴等方式鼓励民众为老建筑安装减排设施,要求新建建筑在设计之初就综合考虑节能元素,按标准递交能耗分析报告。

5. 减少交通运输业碳排放,布局新能源交通工具

推广新能源汽车等碳中性交通工具。德国提高电动车补贴;挪威、奥地利对零排放汽车免征增值税;美国出台了"先进车辆贷款支持项目",为研发新技术车企提供低息贷款;哥斯达黎加对购买零排放车辆的公民给予关税优待及泊车优先等。

发展数字化交通运输系统。欧盟计划通过"连接欧洲设施"基金向140个关键运输项目投资22亿欧元,在欧洲范围内,依靠数字技术建立统一票务系统,扩大交通管理系统范围,强化船舶交通监控和信息系统,提高能效。欧洲40多个机场正在共同建设全球第一个货运无人机网络和机场,预计将降低80%的运输时间、成本和排放量。

6. 发挥市场机制作用应对气候变化

为碳排放权定价、构建碳交易市场,已成为国际社会促进低碳发展和技术创新的关键政策工具。2005年,欧盟碳排放交易系统(EU-ETS)成立,统一的总量设定、配额分配、MRV(监测、报告、核查)等标准和规则逐步修订完善,建立了较为完备的政策法规体系。另外,《欧洲绿色协议》提到,考虑扩大欧盟碳排放权交易市场覆盖行业,尝试将建筑物排放、海运业排放纳入欧盟碳排放权交易体系。2003年以来,美国通过部分地方政府和企业自下而上地探索区域层面的碳交易体系,如芝加哥气候交易所(CCX)、区域温室气体行动(RGGI)、西部气候倡议(WCI)等,推动碳排放配额拍卖、储备和交易,以及排放抵消等机制。

7. 加强植树造林，增强碳汇与碳封存能力

各国农业碳中和的主要途径是增强二氧化碳等温室气体的吸收能力，即加强自然碳汇，如恢复植被。英国政府发布了"25 年环境计划"和"林地创造资助计划"，到 2060 年将英格兰林地面积增加到 12%；新西兰、阿根廷均提出增加本国碳汇和碳封存能力的目标。

# 第二章　气候投融资推动产业结构以碳达峰为目标转型升级

## 第一节　气候投融资的研究意义

### 一、气候投融资具有重大意义

第一，积极推进气候投融资应对全球气候变化是全球可持续发展之内在要求。根据世界气象组织的数据，过去 10 年，二氧化碳排放量较 1990 年高出 62%，2020 年全球大气中温室气体平均浓度再创新高；过去 5 年是历史上最热的 5 年，期间全球平均气温较工业化前（1850—1900 年）上升 1.06℃—1.26℃；自 1993 年以来，全球海平面年均增长约 3.2 毫米；2021 年以来，异常的北美极端干旱和高温、德国洪水、河南暴雨等一系列毁灭性的极端天气和气候事件引发的自然灾害引起全球广泛关注。至少到 21 世纪中期，气候系统的变暖仍将持续，极端事件也将变得更为严重，多重影响并发的概率将增加。气候变化这只"绿天鹅"对全球经济社会发展具有全局性、综合性和长期性影响，将给全球环境、政治、经济社会发展各方面长期带来不确定性，直接威胁人类社会的生存和可持续发展。而应对气候变化首要的就是推进气候投融资。2021 年 10 月，《联合国气候变化框架公约》第二十六次缔约方大会（COP26）就《巴黎协定》实施细则达成共识，资金问题成为本次气候变化大会进程的核心问题和难点之一。

第二，积极推进气候投融资、助力绿色低碳发展是经济转型升级和高质量发展之内在要义。"绿色是高质量发展的底色"，要实现高质量发展，必须应对气候变化。应对气候变化并不意味要以经济不增长或少增长为代价来实现减排。推进气候投融资，能够倒逼能源结构调整优化，促进钢铁、重工业、建筑、交通等产业结构升级，推动经济增长方式实现从粗放型向集约型转变，加快实现生产生活方式全面绿色低碳转型。为此，应践行绿色发展理念，加快发展绿色经济、低碳经济和循环经济，提高能源利用效率、优化能源结构，扩大绿色消费规模，促进产业结构调整升级，推动新旧动能转换，在绿色低碳发展过程中解决气候变化问题，促进经济高质量发展。

第三，积极推进气候投融资是全面实现碳达峰目标的有力举措。实现碳达峰目标是一项多维、立体、系统的工程，涉及经济社会发展方方面面，重点在减排，难点在能源转型，要以科技创新引领工业、建筑、交通等各部门绿色低碳发展，同时警惕和化解转型过程中的风险①，需要大量的资金保障。据有关机构测算，我国 2060 年实现碳中和，需累计新增总投资约为 174 万亿元，超过每年国内生产总值的 2.5%。气候投融资可以缓解落实"双碳"目标的资金缺口，发挥在气候减缓和适应领域资源配置、碳市场定价和风险管理作用，促进和引导低碳投资，助推低碳产业和低碳技术产业化。

## 二、概念界定、研究范围与研究方法说明

气候投融资，即气候金融。目前，国际上尚未形成统一的气候投融资定义。《联合国气候变化公约》《京都议定书》《巴黎协定》等文件为气候

---

① 中国社会科学院、中国气象局气候变化经济学模拟联合实验室：《应对气候变化报告 2021》，社会科学文献出版社，2021。

投融资奠定了政策理论基础。根据我国《关于促进应对气候变化投融资的指导意见》（环气候〔2020〕57号），本书所指气候投融资，是指为实现国家自主贡献目标和低碳发展目标，引导和促进更多资金投向应对气候变化领域的投资和融资活动。气候投融资是绿色金融支持环境改善、应对气候变化和资源节约高效利用的经济活动的重要组成部分。

气候投融资支持范围包括气候减缓和气候适应。减缓气候变化主要包括调整产业结构，积极发展战略性新兴产业；优化能源结构，大力发展非化石能源；开展碳捕获、利用与储存试点示范；控制工业、农业、废弃物处理等非能源活动温室气体排放；增加森林、草原及其他碳汇等。适应气候变化则主要包括提高农业、水资源、林业和生态系统、海洋、气象、防灾减灾救灾等重点领域适应能力；加强适应基础能力建设，加快基础设施建设、提高科技能力等。鉴于本书主要通过气候投融资助力产业结构转型升级来服务碳达峰目标实现，因此将范围限定在如何引导和促进更多资金投向气候减缓领域。

气候变化具有很强的外部性，气候投融资项目具有正的外部性，气候投融资的核心是充分发挥政策信号和市场化激励约束机制，实现气候投融资成本内部化。基于外部性理论与信息不对称理论，针对能源、工业、交通、建筑等高排放行业转型升级普遍存在前期投资规模大、投资收益率不高和投资回收期长的转型金融属性，以及减碳技术研发及高新企业具有投资不确定性大、投资收益高和投资周期长等创新资本属性，本书将从转型金融①与科技金融维度，搭建研究框架（见表 2 - 1）。

---

① 经合组织（OECD）在 2019 年提出"转型金融"（Transition Finance）的概念。按照 OECD 的解释，转型金融就是在经济主体向可持续发展目标转型的进程中，为它们提供融资以帮助其转型的金融活动。这是一个非常宽泛的概念。它不只支持那些在转型中受益的主体，也为那些在转型中处于困境中的主体提供融资，帮助它们走出困境，共同实现可持续发展。

表 2 – 1　　　　　　　　　　　　研究框架

| 气候投融资 | | | 高排放行业转型升级 | 减碳新技术研发<br>及高新企业支持 |
|---|---|---|---|---|
| 金融 | 投资 | 国家 | 转型金融 | 科技金融 |
| | | 企业 | | |
| | | 社会 | | |
| | 融资 | 间接 | | |
| | | 直接 | | |
| 财税 | 中央 | | 激励—约束 | |
| | 地方 | | | |
| 市场化机制 | 碳排放权交易市场等 | | 资源配置 | |

# 第二节　气候投融资助力产业结构转型升级，服务碳达峰目标现状与成效

近年来，在"双碳"框架和绿色金融框架下，我国气候投融资的顶层政策框架、信贷及债券等产品创新都取得了积极进展，碳排放权交易市场加快建设，气候投融资试点落地推进，国际合作正在加速，气候投融资规模稳步提升，尤其是绿色信贷和绿色债券取得积极成效。2020 年末，我国本外币绿色信贷额约 12 万亿元，存量规模世界第一；绿色债券存量规模约8000 亿元，居世界第二。

## 一、气候投融资政策框架初步搭建

近几年来，在"双碳"目标、绿色金融政策框架下，党中央、国务院和金融管理部门出台了一系列重要政策，初步建立起气候投融资金融政策体系。

## （一）投资方面

在 2020 年 9 月第七十五届联合国大会上，习近平总书记宣布中国二氧化碳排放力争在 2030 年达到峰值、努力争取 2060 年实现碳中和的"双碳"目标之后，国家发展和改革委制定了《关于完整准确全面贯彻新发展理念做好碳达峰碳中和工作的意见》和《2030 年前碳达峰行动方案》，还将陆续发布能源、工业、建筑、交通等重点领域和煤炭、电力、钢铁、水泥等重点行业的实施方案，出台科技、碳汇、财税、金融等保障措施，形成碳达峰碳中和"1 + N"政策体系，明确时间表、路线图、施工图。要求充分发挥政府投资引导作用，构建与碳达峰碳中和相适应的投融资体系。国家投资方面，鼓励开发性、政策性金融机构按照市场化、法治化原则为实现碳达峰碳中和提供长期稳定融资支持，研究设立国家低碳转型基金；完善政府绿色采购标准，加大绿色低碳产品采购力度，落实环境保护、节能节水、新能源和清洁能源车船税收优惠，研究碳减排相关税收政策；建立健全促进可再生能源规模化发展的价格机制。社会资本投资方面，鼓励社会资本设立绿色低碳产业投资基金；促进 ESG 投资。截至 2021 年底，上交所已经挂牌 4 只 ESG 主题交易型开放式指数基金（ETF），与其他机构累计推出 51 只绿色指数，满足境内外主体对中国市场的 ESG 投资需求；万得（Wind）数据显示，截至 2021 年第 1 季度，以易方达 ESG 责任投资为代表的 ESG 产品有 10 余只；清科数据显示，投资于光伏发电、新能源电池、储能技术、绿色化工和二氧化碳捕获、储存和封存技术的私募股权投资规模呈上升趋势。在企业投资方面，能源、工业、建筑和交通运输等行业企业加快设备更新；低碳技术研发投入不断增强；企业、金融机构等碳排放报告和信息披露制度不断健全；上市公司探索气候信息披露，积极应对气候变化带来的挑战，根据上市公司协会数据，有的上市公司在 ESG 披露信息基础上，探索采用气候变化相关财务信息工作组（TCFD）框架进行气候方面的信息披露。市场机制方面，加快建设完善全国碳排放权交易市场和用能权交易、电力交易市场。

（二）融资方面

目前，还没有专门针对气候融资方面的融资产品，相关产品主要涵盖在绿色金融产品内。2015 年 9 月，中共中央、国务院印发《生态文明体制改革总体方案》，首次提出要建立绿色金融体系，要求通过绿色信贷、绿色债券、绿色股票指数和相关产品、绿色发展基金、绿色保险、碳金融等工具和政策，建立支持经济绿色转型的系统性金融制度安排。2016 年 8 月 31 日，人民银行、证监会等七部门联合出台《关于构建绿色金融体系的指导意见》，从充分发挥资本市场优化资源配置、服务实体经济功能的角度，提出了构建绿色金融体系的总体目标和具体任务。

## 二、绿色融资产品日益丰富，绿色产业加快发展

截至 2020 年底，新能源、新材料、节能环保等绿色低碳产业上市公司数量、总市值分别约为钢铁、水泥、电解铝等高耗能行业上市公司的 6 倍和 3 倍。绿色信贷、绿色债券、绿色保险、绿色基金等产品逐渐成熟。2021 年 6 月 28 日，上海华证指数信息服务有限责任公司推出中国第一支气候投融资指数产品——华证 - SIIFC 气候投融资（199108.SS），2022 年 1 月 14 日收于 1524.74 点，成交总额 1141.41 亿元。截至 2021 年 12 月 30 日，中国人民银行推出碳减排支持工具资金 855 亿元，支持金融机构已发放符合要求的碳减排贷款 1424 亿元，共 2817 家企业，带动减少排碳约 2876 万吨。

## 三、推进气候投融资的体制机制逐步建立

第一，加强顶层设计，初步建立气候投融资制度规则。首先，设立国家应对气候变化及节能减排领导小组。2018 年，中国人民银行加入了国家应对气候变化及节能减排领导小组，作为成员单位，对于推动气候投融资

发展、推动市场化地应对气候变化资金渠道的拓宽具有积极作用。2019年，中国环境学会气候投融资专委会（CIFA）成立，加强行业指导。2020年10月，生态环境部等五部门发布《关于促进应对气候变化投融资的指导意见》，对气候投融资进行全面部署，提出了构建气候投融资的总体目标和任务。其次，在政策体系方面，在相关政策中融入气候投融资的因素，在绿色金融框架下逐步建立气候投融资政策体系；构建气候投融资标准体系，发布《气候投融资项目分类指南》。

第二，将绿色信贷纳入宏观审慎管理（MPA）。自2019年第1季度起，中国人民银行就在全国范围内开展了金融机构绿色信贷业绩评价，并将其先后作为人民银行宏观审慎评估和金融机构评级的重要依据之一。

第三，建立健全上市公司环境信息披露制度，促进ESG投资。从国内看，2016年、2017年，证监会连续两年修订定期报告格式与准则，建立了面向部分上市公司的强制性环境信息披露制度；2021年6月，证监会再次修订上市公司的定期报告格式与准则，进一步完善上市公司环境信息披露制度。2018年，中国基金业协会发布《绿色投资指引（试行）》，鼓励公募、私募股权基金践行ESG投资，发布自评估报告。2020年，证监会修订《证券公司分类监管规定》，鼓励证券公司参与绿色低碳转型，对支持绿色债券发行取得良好效果的证券公司给予加分。从国际看，目前共有15家国内机构参与中英绿色金融工作组组织的金融机构气候和环境信息披露试点。2020年8月，上交所加入联合国可持续交易所倡议（UN SSE）气候信息披露咨询工作组，参与制定全球发行人的气候信息披露指南。

## 四、建立全国碳排放权交易市场

我国碳排放权交易市场已由分散的试点探索转向全国统一发展。2021年7月16日，碳排放权交易市场在上海环境交易所开市。首批被纳入碳市场的为2200家发电企业，覆盖约45亿吨二氧化碳排放量，覆盖碳排放量是试点时期的10倍。截至2021年12月31日，全国碳市场已累计运行114

个交易日，碳排放配额累计成交量 1.79 亿吨，累计成交额 76.61 亿元。目前，市场总体运行平稳，配额价格波动处于合理区间。按照现货二级市场的口径统计，中国市场的规模在全球名列前茅。目前，广州期货交易所正在积极推进两年品种上市计划，计划研发 16 个品种，涉及 4 大板块。

## 五、积极推动地方创新开展气候投融资实践

2021 年，生态环境部等九部委联合印发《关于开展气候投融资试点工作的通知》与《气候投融资试点工作方案》（环办气候〔2021〕27 号），正式开启了我国气候投融资试点工作。全国已有多个地区表态，将积极争取气候投融资地方试点，并"先行先试"推进相关业务落地。上海国际金融中心建设"十四五"规划提出，将探索气候投融资试点，并支持金融机构开展气候投融资业务。深圳于 9 月推进气候投融资项目库建设，首批试点业务已于 11 月末正式落地，通过设立低碳项目库方式解决金融机构难以找到低碳项目，以及低碳项目管理手段欠缺的问题。一方面，通过碳排放核查、环境统计、污染源普查、环境影响评价等基础数据库的运用，拓宽气候项目的征集渠道；通过减排效果、经济效益、合规性、社会效益的定性、定量分析，筛选合格的气候项目；通过定期披露减排数据，强化入库项目的管理。另一方面，深圳市生态环境局会同各相关单位，共同为项目库赋能，提供外资进出的便利、对接人民银行碳减排支持工具、优先开展上市辅导验收、鼓励金融机构提供容错机制等举措，力争缓解气候项目融资难、融资贵的问题。经过一年多的努力，第一批入库项目获得融资，探索了可推广、可复制的经验。

## 六、国际合作不断加强

相比环境污染问题的区域性、局部性，应对气候变化是全球性的议题，尤其是新冠肺炎疫情之后，加快应对气候变化步伐、推进绿色复苏成

为全球共识。中国持续深化与各国政府、国际组织和国际金融机构之间的务实合作，创新合作方式，扩大合作规模。一是，中美回顾 2021 年 4 月发表的《中美应对气候危机联合声明》、11 月发表的《中美关于在 21 世纪 20 年代强化气候行动的格拉斯哥联合宣言》，加强中美在应对气候变化的务实合作，推动建立 21 世纪 20 年代强化气候行动工作组，重视发达国家所承诺的在有意义的减缓行动和实施透明度框架内，到 2020 年并持续到 2025 年每年集体动员 1000 亿美元的目标，以回应发展中国家需求。二是，推动气候投融资积极融入"一带一路"建设，积极落实《"一带一路"绿色投资原则》。我国将进一步扩大对"一带一路"沿线国家光伏、风能等可再生能源，节能技术，高新技术产业，绿色低碳产业等低排放项目的投资规模，助力"一带一路"沿线国家优化能源结构，推动产业结构升级。三是，签订中非合作宣言。2021 年 11 月 30 日，中非合作论坛第八届部长级会议通过《中非应对气候变化合作宣言》，进一步深化中非应对气候变化交流合作，包括启动中非 3 年行动计划专项等。加强双方在建立气候投融资标准等政策体系方面的交流合作，加强同非洲开发银行等区域性金融机构在气候投融资领域的合作。鼓励和支持双方金融机构、非金融企业在项目合作中加强环境风险管理，提高气候和环境信息披露、交换水平，开展绿色低碳供应链管理，推进中非气候投融资合作。支持地区性开发银行等金融机构与包括绿色气候基金在内的气候金融机制自愿开展合作。支持符合条件的天然气发电和绿色氢能发展项目获得绿色投融资支持。三是，青岛以中欧绿色投融资示范区的建设为契机，加强中欧交易所和投资者之间的气候投融资合作。四是，清华大学地球系统科学系、中国碳核算数据（CEADs）、中英（广东）CCUS 中心和华润电力旗下的润碳科技有限公司联合伦敦大学学院（UCL）共同设立气候投融资促进生态文明建设国际合作平台，简称"气候投融资合作平台"（CIFE）。CIFE 将以开放和共享理念，以包容和互信的方式，与研究机构、金融机构和企业展开合作，从国际和商业维度积极推动气候投融资基础研究和产业化，通过标准和机制的试点和数据库建设把气候投融资工作一步步做实。

# 第三节　问题与挑战

尽管多项政策均提出要加大气候投融资力度，现阶段我国气候投融资尚面临资本缺口大，且分布不平衡、碳排放权交易市场发展不充分、气候投融资金融基础设施建设滞后、对气候投融资风险认识和管理不足、法律法规体系需要进一步完善、国际合作面临障碍等问题与挑战。

## 一、气候投资依然存在巨大的资金缺口，且分布不平衡

2030 年后，气候投融资缺口将大幅飙升。据国家应对气候变化战略研究和国际合作中心测算，为实现碳中和目标，到 2060 年我国新增应对气候变化领域的投资需求规模将达约 139 万亿元，年均约 3.48 万亿元。2030 年前，年均缺口约 0.54 万亿元，而 2030 年后平均每年气候投融资缺口约 1.3 万亿元以上。

第一，就资金来源看，主要依赖政策性融资和财政补贴，激励约束机制有效性还未能发挥，社会资本撬动不足。绿色低碳产业具有明显正外部性，现有的政策体系尚未能够将外部性内部化，进而导致绿色低碳产业呈现投资收益低、回报周期长等特征，影响社会资本投资积极性。现有的金融激励制度支持力度和覆盖面较小，更多停留在引导阶段，缺少实质的财税激励机制，推动力度有限。

第二，就投融资主体看，企业投融资面临技术和能力不足等问题。企业专业能力和人才不足，减碳技术尚不成熟[1]，减碳成本高、意愿不强，仍然会遇到缺乏有效的低碳发展与规划政策引导、缺少健全的碳排

---

[1]　根据国际能源署的报告，2050 年实现净零排放的关键技术中，50％尚未成熟。

放信息技术平台与交流机制等政策障碍。例如，就上市公司协会对相关上市公司的调研显示，一旦政策性补贴退坡，企业就面临较大的财务压力。

第三，气候投融资行业结构、地区和领域不平衡。行业结构供需错配，根据2017—2019年数据，气候投融资的信贷余额主要投向绿色交通运输项目（占比约44%）和可再生能源及清洁能源项目（占比约25%）。从气候融资需求来看，能源行业的需求量在几大重点排放领域中最高，而建筑行业的总需求量次之。减缓投入多，用于适应气候变化的投融资资金体量较小。地区不平衡，气候投融资的主要市场在东部沿海等发达地区，而山西、东三省等能源转型大省气候投融资欠发达，公平问题凸显。例如，伦敦发展促进署（L&P）联合Dealroom发布的最新调查报告显示，过去5年，从城市和地区来看，上海、北京、杭州三地气候技术融资总额就约占全国72%。

第四，投融资渠道、产品和服务尚无法满足融资主体多样性需求。绿色信贷等间接融资工具仍然是我国最主要的气候投融资工具，占比超过90%；直接融资工具以绿色债券为主，风险投资、股权融资、资产证券化工具等其他以股权为代表的直接融资工具发展规模有限，利用排污权、排放权、用能权等环境权益底层资产进行的产品创新不足，尚未形成系统性的气候保险服务与风险管理制度框架。

第五，缺少适配金融工具支持电力、重工业等传统工业技术升级和低碳转型需求。我国绿色金融目前的相关制度、产品设计主要聚焦于对绿色低碳属性鲜明的主体或项目提供支持，目前以水泥、钢铁和油气等重排放行业为代表的"棕色"领域高碳排放属性与绿色金融相关工具应用领域存在明显错配，难以支持工业绿色低碳转型的资金需求；碳捕获、利用与封存等技术研发和高新企业投资具有高风险、高收益、不确定性高的特征，直接融资工具规模有限。由于缺乏"绿色项目"，这些行业通常很难通过常规的可持续债券进行融资。

## 二、碳排放权交易市场发展不充分

与国际市场相比，我国碳排放权交易市场规模小，交易品种有待进一步丰富，碳汇还没有纳入市场，缺乏碳期货、电力期货、天气衍生品等衍生产品。交易机制单一，参与主体较少，参与主体仍以履约作为主要目的，市场流动性不足，定价机制功能未能充分发挥。部分公司反映，希望重启国家核准自愿减排量（CCER）机制，激励企业积极参与碳交易。

## 三、气候投融资金融基础设施建设滞后

第一，数据库、计量、统计、核查工具和方法以及气候投融资的评价体系缺乏，与绿色金融的区分度不高。在统计体系方面，我国气候资金统计数据稀缺、分散，尚未建立相应的监测、报告与核查体系，且数据来源和统计口径不一致；缺乏充分积累的基础数据，基础数据库和温室气体核算体系亟待建立。

第二，缺少统一的气候投融资标准。目前，我国在气候投融资方面尚未形成官方的或市场公认的权威标准。《气候投融资项目分类指南》删除了"传统能源清洁高效利用"，但涉及天然气的内容，仅保留了交通领域的加气站建设与运营，并未被纳入到"低碳能源"类别中；《绿色产业指导目录（2019 年版）》相应条目包含了核电装备制造，但低碳能源类别并未纳入核能。一些开发项目资金全部被算成气候融资，错误地将发展援助资金归类为气候融资。例如，日本将对孟加拉国一座高效燃煤发电站的投资算为气候融资，一些发达国家还将道路建设和人道援助等上报为气候援助资金。

## 四、对气候投融资风险认识和管理不足

气候变化给金融机构带来物理风险①和转型风险②，气候投融资面临信贷和投资风险，对宏观经济和金融体系产生影响。气候变化可能导致极端天气事件增多、经济损失增加，同时，低碳转型可能使高碳排放资产价值下跌，影响企业和金融机构的资产质量。一方面，增加金融机构的信用风险、市场风险和流动性风险，进而影响金融体系稳定；另一方面，目前对气候投融资资金运用的监管不足，缺乏分析、监测、预警机制，容易诱发操作风险和道德风险。另外，气候投融资可能存在投资组合相似性和顺周期性，如果极端风险事件发生容易引发金融风险集中爆发；气候风险还可能通过主权信用评级、跨境渠道等对金融体系产生影响。

## 五、法律法规体系需要进一步完善

第一，缺乏上位法。近年来，我国生态文明建设方面的立法和修法突飞猛进，但是在应对气候变化和低碳发展领域还没有专门的全国性法律，支撑碳达峰碳中和目标实现的法制体系薄弱，无法满足实际需求。缺乏总量控制，需要强化市场主体对实现"双碳"目标的责任义务。

第二，配套政策及规则衔接不足。各地方、各部委就中央有关指示和出台的相关政策，须进一步研究制定实施细则和行业配套政策，明确如何落实各项重点任务。目前，"双碳"政策、绿色金融政策由不同行业监管主体监管，监管规则也亟待统一。

---

① 物理风险，指极端天气（干旱、洪水、飓风等）以及全球变暖、海平面上升和降水变化等对实体经济产生的负面影响。

② 转型风险，指为应对气候变化和推动经济低碳转型，由于突然收紧碳排放等相关政策，或出现技术革新，引发高碳资产重新定价和财务损失风险。

## 六、国际合作面临障碍

应对气候变化、推动绿色低碳发展是当前国际合作中各方较易达成共识的领域，也是我国开展国际合作的重要议题。但是，目前我国与其他国家的气候投融资国际合作仍然处于签订双边或多边倡议阶段，投融资合作机制还在探索当中。

第一，碳核算标准、气候投融资监管框架以及气候信息披露指引等规则体系还未能建立全球统一标准，大规模资金投入还未真正落地。例如，联合国秘书长古特雷斯表示，与会各方迈出了重要的步伐，但还"不够"，发达国家兑现每年提供1000亿美元帮助发展中国家应对气候挑战的承诺还未实现。

第二，与西方发达国家的合作面临被主导国际规则、风险通过跨国公司不对称转移、被恶意施压等困境。例如，欧盟等提出碳边境调节机制（CBAM），可能对全球产业竞争和国际贸易格局产生的深远影响。

第三，与"一带一路"沿线国家的绿色投资合作受到"成本—收益"以及当地产业结构和政治风险的约束。

## 第四节　正确处理好四大关系

促进气候投融资，应对气候变化，落实碳达峰目标，是党中央、国务院根据世界形势深刻变化，为统筹国内国际两个大局提出的重大战略目标，意义重大。如何积极推进气候投融资应对气候变化在相关国家间形成共识、取得成功，成为合作共赢的典范，需要妥善处理好以下四大关系。

## 一、正确处理中央与地方的关系

目前生态环境部、国家发改委、国资委、"一行两会"等部委办公厅联合发出《关于促进应对气候变化投融资的指导意见》，涉及国民经济管理、中央企业和金融行业的最高管理层，足见国家对这一问题的高度重视。方案出台后，符合申请条件的各省、市、区都在积极申请。因此，统筹和协调中央、部门、地方政府三者间的关系尤为重要。一是，要加强顶层设计，强化组织领导，完善组织架构。建议在国家应对气候变化及节能减排领导小组下设气候投融资推进专项小组，统筹协调对内、对外两方面工作。跟踪和研判国内外形势，做好与气候投融资及气候变化应对相关的重大规划、重大项目、重大问题等设计与论证工作，要通盘考虑、合理分工、有效配置和整合现有国内外资源，及时出台相关政策和指导意见，指导部门和地方开展工作，有效沟通和协调部门、地方的关系。二是，要建立和完善气候投融资推进专项小组的组织架构和运行机制，提高工作效率，而且，部门之间要密切配合、通力合作，加快构建、实施有关磋商和协调机制，积极做好规划、方案和具体事项的推进落实。三是，要充分发挥地方政府的积极性，加强各地政府之间的协调。目前，全国气候投融资推进程度和市场基础各个地方大相径庭。有些地方金融市场发达，政府财力雄厚，但是需要转型升级的能源、重工业相关产业较少；有的地方金融市场不发达，需要转型升级的能源、重工业相关产业占比较高。这就要求地方政府理解中央应对气候变化，推进"双碳"目标的战略决心，"全国一盘棋"，充分发挥各地优势，加强沟通磋商，分工合作，共同发展，携手推进气候投融资。

## 二、正确处理政府与市场的关系

总的原则是市场运作，政府引导。气候投融资的本质属性是金融属性，在推进过程中应遵循资本规律，充分发挥市场配置资源的决定性作用。应对气候变化涉及外交、安全和可持续发展，气候投融资具有强烈的外部性，存在市场失灵，必须要服从大局，在政府的统一规划和指导下进行，更好发挥政府资金的引导和撬动作用。一是，企业作为气候投融资的主体，要充分调动和发挥企业的积极性、自主性。通过完善市场机制和利益导向机制，以商业化原则、市场化机制和手段推进重点项目建设。市场能解决的，鼓励企业商业化经营；市场难以解决的，采取政府介入等形式加以解决。二是，政府部门要着力在宏观布局、政策支持、信息传递、平台建设、资金保障、人力资源保障等方面起到关键作用。通过减少行政进入壁垒、推进投融资便利化、提高金融服务水平、完善保险机制、加强政府和组织间合作等多种形式为企业提供必要的政策保障，提高政策的稳定性、透明度和可预期性，尽可能减少企业对于各种风险的顾虑，切实解决企业面临的实际问题和困难，降低企业和投资者风险和成本。三是，注重引入民营资本和民间力量参与，发挥社会资本的推动作用，形成政府引导、企业主导、社会促进的立体格局。

## 三、正确处理国内与国外的关系

应对气候变化是全球面临的共同挑战，具有全球公共物品属性，是构建"人类命运共同体"的重要体现。减少温室气体排放、积极应对气候变化，已成为全球共识。以《联合国气候变化框架公约》和《巴黎协定》确定的有关原则和相关授权为基石，在坚持共同但有区别的责任和各自能力原则、考虑各国国情的基础上，采取强化的气候行动，统筹处理好国内国际两种资源，深化投融资国际标准与规则对接，有效应对气候危机。一方面，坚持绿色投资原则，加强对"一带一路"沿线国家的气候投融资支持，特别是对贫穷、脆弱国家的资金和技术上支持。另一方面，加强与西方发达国家气候投融资规则和市场的对接。尤其是气候投融资领域的合作，客观上为中方提供了向美方增信释疑、增强双方良性互动的机会。我们应通过各种渠道加强对美政界、学界、商界等开展公共外交，在气候投融资、能源领域合作探索和加强中美务实合作的基础，使中美关系在亚太地区形成良性互动格局，推动构建新型大国关系。

# 四、正确处理近期与远期的关系

应对气候变化，推进气候投融资具有长期性和系统性，既要注重近期收获，也要着眼长远。辩证看待低碳转型升级带来的短期成本与可持续发展之间的关系，采取渐进措施，逐步由目前的由煤炭为主的能源体系和"棕色"工业体系向以清洁能源为主的能源体系和"绿色"工业体系转型升级。近期目标是全面推进气候投融资试点，在遏制"两高"项目盲目发展、有序发展碳金融、强化碳核算与信息披露、强化投融资模式和工具创新、强化政策协同、建设国家气候投融资项目库、加强人才队伍建设和国际交流合作方面，探索可复制、可推广的经验；基本形成有利于气候投融资发展的政策环境，试点目标还包括培育一批气候友好型市场主体、探索一批气候投融资发展模式等。国内保障体系和协调机制进一步完善；增进全社会对气候投融资内涵、目标、任务等方面的进一步理解和认同；形成安全、高效的气候投融资模式。以能源和钢铁、水泥等为代表的重工业以及交通运输和建筑等重点领域投融资取得重大突破，气候投融资国际合作取得实质性进展，更大范围、更宽领域、更深层次的制度型开放初见成效。远期目标是全面实现"双碳"目标，新能源体系全面建成，"棕色"工业等高排放行业实现绿色发展，《巴黎协定》和联合国应对气候目标基本实现；我国在全球气候治理结构中的话语权和影响力显著提升；发达国家和发展中国家在气候变化领域实现互利共赢，形成共同发展、共同繁荣的利益共同体、命运共同体和责任共同体的愿景全面实现。

# 第五节　政策建议

## 一、优化激励约束机制，激发企业和社会资本投资

第一，优化财税政策，立足国情，循序渐进推进碳税制度建设。充分考虑碳税实施的经济产业结构和能源价格体系现状，以及碳税与其他税种（如资源税）、其他现行气候环境政策（如碳排放交易制度）的适用性和协调性，可考虑从企业经营活动全价值链的角度对碳足迹进行征税。

第二，充分发挥税收、价格、土地、政府采购等政策倾斜，以及政府引导基金对气候投融资主体的引导和激励作用。大力加强对企业能源、重工业、交通运输、建筑等行业节能减排技术研发的税收优惠；加强对CCUS和碳汇量等负排放技术和新能源技术研发以及绿色债券投资等方面的税收优惠，加强对相关企业在价格、土地、财政补贴以及政府采购方面的政策倾斜。建立政府气候投融资相关产业引导基金，建立气候投资担保和项目风险的补偿基金，完善绩效评价体系，扩大金融对气候相关贷款的财政贴息，撬动社会资本投资。

第三，积极推动企业将碳资产列入资产管理，发挥气候投融资创新中的主体作用。推动企业制定应对气候变化战略目标，将气候治理融入企业发展观，将应对气候变化纳入企业发展战略和企业社会责任。例如，引导相关企业将碳资产列入资产管理，设立首席碳资源官。一是加强履约管理，一方面通过低成本方式履约，另一方面推动应对气候变化技术创新投资；二是做好碳数据管理，通过内部耗能监测，对企业真实耗能和排放及相关产业链进行分析，设计科学合理的自我减排路径；三是充分利用碳交易机制和金融市场，实现经济效应。尤其是中央企业，它们是国民经济的主力军，在推进气候投融资中更应体现央企担当，引领气候投融资的创新

和示范。

第四，推动监管机构加强对银行等金融机构气候投融资业务的支持和考核。借鉴国际清算银行（BIS）、央行与监管机构绿色金融网络（NGFS）等提出的在《巴塞尔协议Ⅲ》的第一支柱"最低资本要求"下调整绿色信贷资产风险权重方法，可考虑在明确气候信贷标准的基础上，研究调降绿色信贷风险权重。

第五，参考 G20 气候相关财务信息披露工作组（TCFD）的建议，完善气候信息披露要求。根据行业特性，明确气候信息披露企业范围，率先提高对"两高"行业、金融上市公司应对气候变化的信息披露要求，规范统一强制性和自愿性气候相关信息披露指引，促进 ESG 投资，引导养老金等中长期资金投资，或可考虑设立上市公司气候环境信息披露试点。

## 二、创新气候融资产品和服务，推动更多项目融资

第一，开发具有前瞻性的产品和工具。首先，央行可继续推出支持低碳转型的专门工具。在目前碳减排支持工具和煤炭清洁高效利用专项再贷款政策基础上，可考虑将气候风险应对相关债券纳入央行资产购买计划，不再购买高碳企业债券；试点气候风险应对相关债券作为央行放款的合格抵押品。其次，加强气候相关基金、债券、气候保险、衍生品、指数产品、证券化产品等的创新研发。例如，芝加哥商业交易所在 2007 年推出卡维尔飓风指数期货。

第二，加强与转型金融的融合，支持电力、重工业、交通运输业和建筑业等重点"棕色"行业升级资金需求。现有研究发现，将来大部分二氧化碳的排放预计来自电力（55%）和重工业（26%）行业，交通运输占11% 左右（其中三分之二来自公路运输），建筑业占 3%。电力行业约80% 的预期累积排放量将来自煤电厂。电力、重工业、交通运输业和建筑业四大行业的低碳转型对实现碳达峰至关重要，目前这些行业技术升级和设备升级的资金需求却被忽视。可以说，抓住了这四大行业，就抓住了经

济转型升级和碳达峰的主要矛盾。因此，不能对电力和重工业、交通运输业、建筑业等重点行业的资金需求片面地"一刀切"，要根据具体融资项目进行判断分析，要做好融资调整与引导工作，对新增高碳投资予以拒绝；对技术升级或者设备升级资金需求予以支持，助力其实现低碳转型。

第三，进一步加大在新能源、绿色交通、绿色建筑等转型升级领域的直接融资支持力度。首先，增强资本市场发行、挂牌包容性和适应性，引导低碳企业通过挂牌、上市、再融资以及并购重组发展壮大。支持符合条件的低碳企业转板上市。其次，加大对"气候股权"的支持力度，鼓励创业投资基金、私募股权基金投资具有潜力的中小型低碳企业和相关技术。

## 三、完善碳排放权交易市场，有序推动碳相关衍生品市场建设

第一，逐步扩大碳排放权交易市场覆盖行业范围。在发电行业基础上，加快纳入钢铁、有色冶炼、水泥等其他行业，提高市场流动性。根据行业能源消费特点、国家政策、行业规定等制定合理的碳排放权交易配额、交易品种和交易方式，促进能源结构调整和能效提升；加快推进探索与芝加哥气候交易所[①]等国际碳排放权交易市场的互联互通，引导国际资金投资，提升我国碳排放权交易市场定价话语权。

第二，有序稳妥推进碳相关衍生品市场建设。一方面，期现联动有利于价格发现和引导跨期投资；另一方面，气候风险加剧了商品市场的不稳定性，使实物商品交易成本增加，衍生品市场的建设有利于管理风险。在欧洲，碳期货与碳现货交易市场几乎同步发展，其中，碳期货市场规模逐步发展到碳现货市场的 20 倍左右。[②] 例如，洲际交易所上市英国碳排放权期货、芝加哥商业交易所上市加州碳排放权等。建议大力推进电力期货、

---

① 芝加哥气候交易所（Chicago Climate Exchange，CCX）于 2003 年成立，是世界上首个、北美地区唯一一个自愿参与温室气体（6 种）减排交易组织体系和承担法律约束力的平台。

② 赵洋：《健全绿色金融体系 促进实现"双碳"》，《金融时报》，2021 年 8 月 12 日。

天气衍生品的研发上市，适时推出基于多种碳排放权的衍生产品和服务。

## 四、健全金融基础设施

第一，健全气候投融资标准体系，推动与国际标准接轨。构建适合行业特点的碳核算机制，建立相应的碳账户。在绿色金融框架内，进一步健全气候投融资项目标准、评级与认证标准等，避免出现国内多个部门充分制定相关标准和标准不统一问题。

第二，加快建立统一的碳排放核算体系，使碳汇量可计量和跟踪。建议各行业主管部门完善碳排放数据的口径和核算方法，统一核算边界规则，并针对不同区域的碳排放核算差异，以及对母子公司间碳排放如何统一核算等特殊情况给出明确的指引，以便为企业碳排放信息披露打好基础。

第三，加强底层数据建设，建立健全气候投融资数据库与项目库。设计好各项指标体系，优化数据结构和参数，提升数据质量，探索建立公开透明、权威统一的气候投融资数据统计和发布机制。构建气候资金统计—监测—报告—核查全链条管控机制。

## 五、加强气候投融资物理风险和转型风险管理，提升金融韧性

第一，重视气候变化对金融体系的影响。气候投融资风险已逐渐得到全球金融机构的重视。例如，英格兰银行审慎监管局（PRA）将气候变化纳入 2022 年的优先事件，特别关注银行在气候风险管理方面的进展，提出希望银行采取前瞻性、战略性和富有野心的方法来应对与气候相关的金融风险。我国央行表示，正在探索将气候变化相关风险纳入宏观审慎政策框架。建议央行继续完善货币政策和审慎管理工具，为气候投融资提供直接支持的同时，要防范产业低碳转型过程中的系统性金融风险，特别是高碳

行业退出面临的资产搁置风险，促进产业平稳转型。

第二，大力推动央行开展气候风险压力测试。在目前对金融机构的压力测试中系统性地考虑气候变化因素，构建监测体系和预警指标，同时为金融机构评估气候投融资风险提供力量工具，比如识别风险、估测敞口、评估损失和释放风险。央行气候风险压力测试可以发挥对业界的引领功能。

第三，鼓励金融机构应对气候挑战。逐步要求银行将气候信贷风险纳入治理框架，在计算资本需要时评估和说明如何覆盖气候信贷风险敞口。引导投资基金在投入风险框架中纳入气候风险因素。

## 六、推进体制机制创新是解决气候投融资问题的关键

第一，加快推动应对气候变化立法。例如，2021 年，欧盟通过《气候变化法案》，要求 27 个成员国在 2050 年前成为净零排放经济体。我国可在《环境保护法》《环境保护税法》《可再生能源法》《清洁生产促进法》等有关法律基础上分阶段、有计划地稳步推进应对气候变化立法工作，以法律作为硬约束手段规范政府部门、企业、组织在应对气候变化中的职责，强化总量控制和指标分解。促进国内立法与国际相关立法衔接起来，构建国内协调、国际合作的应对气候变化的法律体系，从而形成更加有效的全球气候治理体系。

第二，建立健全配套政策体系。在绿色金融政策框架下，进一步细化气候投融资指引。将气候因素纳入现有的绿色投融资体系，在绿色金融政策框架下研究制定气候投融资重点支持项目的目录、技术目标、投融资指引等政策文件，从源头上确保气候友好的投融资导向。

第三，完善跨部门协同工作机制。要进一步统一不同行业监管主体的监管规则，以便与绿色金融和"双碳""1＋N"政策体系协调配套。加快建立由金融监管部门牵头、发改委和生态环境部等相关部门参与的气候投融资推进专项小组。在专项小组机制下，推动各有关部门加大配合力度，

加强各类政策的协同，避免多个部分监管制度交叉重复，解决好制度之间的协同问题，统一监管规则，引导资金从高碳排放行业逐步退出，更多地投向气候友好型企业和绿色低碳产业。

第四，推动气候投融资扩大试点范围。大力推广气候投融资试点，鼓励地方开展工具和模式的创新，从而推动地方形成可复制、可推广的经验，在全国范围内推行。

## 七、积极开展国际交流合作，发挥中国在全球气候治理中的"引领者"作用

坚持发展中国家定位，坚持共同但有区别的责任原则，积极参与气候投融资相关国际标准和规则制定，推动气候投融资制度型开放合作。一是，加强气候信息披露规则和标准的国际对接，创新投融资工具，引导境外资本气候投融资。二是，考虑与欧盟共同磋商构建双边互认的碳核算体系，争取应对主动权。三是，以中美气候领域的务实合作突破中美合作障碍。四是，促进"一带一路"低碳化建设，加强清洁能源投资合作，推动中国标准在境外投资建设中的应用。五是，高度关注国际气候治理动态，发挥国际组织和专业平台的支撑作用，一方面要利用多边开发机构催化器的作用，撬动更多其他方面的资金和资源；另一方面要不断壮大气候投融资专业研究机构，不断加强人才队伍建设，在中期要引领构建具有国际影响力的气候投融资合作平台。

# 第三章 实现碳达峰碳中和的地方实践
## （以苏州工业园区为例）

为贯彻落实中央关于立足新发展阶段、贯彻新发展理念、构建新发展格局，实现高质量发展，推进更深层次改革和更高水平开放，推进全国碳达峰碳中和与生态文明建设的有关精神，中国经济体制改革研究会推进碳达峰碳中和课题组按照中央有关要求，根据地方开展绿色低碳工作实际，以苏州工业园区案例为样板，分析地方实现碳达峰碳中和面临的挑战和问题，研究提出地方实现碳达峰碳中和的目标和政策建议。

作为我国经济技术开发区的代表，苏州工业园区（以下简称园区）近几年全面贯彻"争当表率、争做示范、走在前列"的使命要求，深入践行绿色发展理念，绿色技术创新供给能力持续增强，绿色产业竞争力不断提高，绿色低碳发展取得阶段化成效，为率先打造碳达峰试点园区积累起先发优势。

## 第一节 苏州工业园区碳达峰碳中和的做法和成效

### 一、苏州工业园区碳达峰碳中和在全国范围内的重要意义

开展苏州工业园区的碳达峰碳中和建设研究，全面梳理园区碳排放现状，分析园区的碳排放特点，预测分析园区碳排放的发展趋势，挖掘园区

的碳减排潜力，制定园区碳达峰碳中和工作路径和措施，将有利于推动园区提升对自身碳排放的认识，客观科学评判既有发展基础，按照全面贯彻国家、省、市碳达峰碳中和的工作要求，推动工业园区持续加强绿色技术供给、构建绿色产业体系、健全绿色发展机制，探索科技创新引领绿色崛起，加快园区绿色低碳转型，构建新发展格局，实现高质量发展，推进苏州工业园区碳达峰碳中和工作走在全国园区前列。

## 二、苏州工业园区碳达峰碳中和典型做法

《江苏省国民经济和社会发展第十四个五年规划和二〇三五年远景目标纲要》中提出，到 2025 年，江苏省的生态环境治理体系和治理能力现代化取得重要突破，绿色发展活力持续增强，资源能源利用集约高效，生态环境质量明显改善，基本建成美丽中国示范省份；到 2035 年，碳排放提前达峰后持续下降，生态环境根本好转，建成美丽中国示范省份。同时，在江苏省 2021 年政府工作报告中，也提出在 2021 年要制定实施二氧化碳排放达峰及"十四五"行动方案。《苏州市国民经济和社会发展第十四个五年规划和二〇三五年远景目标纲要》提出，十四五时期能源资源配置更加合理、利用效率提高，碳排放强度呈现下降趋势，生态环境质量不断改善，生态系统质量稳步提升，到 2035 年，绿色低碳发展卓有成效，建成美丽中国标杆城市。

（一）组织架构持续完善

园区于 2007 年设立园区节能减排工作领导小组；2008 年成立循环经济试点工作领导小组，推动园区国家级循环经济试点创建工作；2011 年成立建筑节能工作领导小组，加强绿色建筑和既有建筑节能改造工作。2014年，园区在现有的"苏州工业园区节能减排工作领导小组"中增设低碳发展相关内容，并更名为"苏州工业园区节能减排低碳发展工作领导小组"，实现了节能与低碳组织保障一体化。其中，园区经济发展委员会主管节

能、循环经济、低碳建设等相关工作，生态环境局主管污染物减排、环境治理和生态文明等相关工作，规划建设委员会具体主管建筑节能、绿色交通工作，党政办具体主管公共机构节能工作，综合行政执法局主管垃圾处置和综合利用工作。2021 年 8 月，苏州工业园区为全面贯彻习近平生态文明思想，落实党中央、国务院关于"2030 年前实现碳达峰，2060 年前实现碳中和"的决策部署，发布《园区党工委 管委会关于成立苏州工业园碳达峰碳中和工作领导小组的通知》，成立苏州工业园区碳达峰碳中和工作小组。下一步，园区碳达峰碳中和工作小组将充分发挥组织领导、统筹协调、调度监管等职能作用，开展碳达峰碳中和有关工作，为如期实现碳达峰碳中和目标提供重要支撑和保障。

## （二）制度建设保障有效

"十三五"期间，园区积极落实国家、省、市各部门出台的《江苏省"十三五"节能规划》《苏州市"十三五"生态环境保护规划》《苏州市"十三五"公共机构节约能源资源规划》等相关政策，并结合自身绿色发展情况及需求，制定了一系列具有园区特色的指导文件，印发了《苏州工业园区"十三五"节能低碳规划》《苏州工业园区重点用能单位节能降耗低碳发展目标责任考核方案》《苏州工业园区绿色发展专项引导资金管理办法》等文件，将任务分工落实到具体委办局、重点用能单位，重实效、抓落实，通过目标下达、项目实施、责任考核及绿色发展补贴等手段来确保清洁生产、节能降耗、减少污染物产生和排放及综合利用等工作落到实处，也为一批分布式光伏、储能以及充电桩建设运营等领域的高新技术企业落户园区打下良好基础。

2021 年，园区通过制定《苏州工业园区国民经济和社会发展第十四个五年规划和 2035 年远景目标纲要》《苏州工业园区关于推进制造业高质量发展的若干措施》《苏州工业园区燃气工程专项规划（2020—2035 年）》等政策文件，正在逐步建立"十四五"低碳绿色发展制度体系框架，对园区内整体能源产业绿色发展、节能减排工作提供方向性的指导意见和工作保障。其中,《苏州工业园区国民经济和社会发展第十四个五年规划和2035年远景目标纲要》作为重要的指导性、纲领性文件,提出打造碳排放提前达峰后稳中有降、绿色生产生活方式广泛普及的现代化治理高地,推动建立绿色低碳循环的经济社会发展格局,建设人与自然和谐共生的美丽宜居园区的发展目标,并指出不断提升绿色发展、持续改善生态环境质量、大力加强生态修复保护、完善生态文明建设长效机制四项发展路径,从推进绿色发展、加强环境治理能力、推动生态体系建立、完善制度监管体系等具体措施入手,有序推进园区的绿色低碳发展。与此同时,《苏州工业园区关于推进制造业高质量发展的若干措施》通过制定相应的奖励机制,提供企业绿色发展的基础保障,推进制造业的规模化、高端化、创新发展,夯实园区绿色发展基础。下一步,园区将进一步统筹相关政策的制订工作,加强制度和政策的协调推进与系统实施,继续推进制度体系建设,促进园区绿色发展。

(三) 科技创新提质增效

园区持续加强政策服务能力,制定了覆盖节能环保、清洁能源、园区基础设施绿色升级的产业政策,发挥了重大的政策导向作用,集聚了近20家分布式光伏建设运营企业和10余家充电桩建设运营企业落户园区。2019年,园区吸引了京能源深(苏州)能源科技有限公司、苏州工业园区万帮星充充电设备有限公司、苏州万充新能源科技有限公司等多家分布式光伏、储能以及充电桩建设运营领域内的优质代表企业入驻,建成了100MW光伏发电项目以及1000余个电动汽车充电桩。

园区主动把握全球新一轮科技革命机遇,加速集聚创新资源领域,加快融入全球主流创新网络,着力增强科创策源功能,加强科技创新合作,新设立北京、深圳、成都金鸡湖创新合作中心,并与上海医药临床研究中心建立战略合作,成立生物医药临床资源合作研究战略联盟。与此同时,以金鸡湖科技领军人才创新创业工程为切入点,园区攒下扎实"人才家底",人才总量位居全国开发区首位。目前,各创新中心、高新技术企业及科技领军人才的头雁带动效应日益显著，引领带动园区在药物研发、高端医疗器械、第三代半导体等多个细分领域形成较为完善的产学研产业链，支撑园区新兴产业高质量发展。

此外，园区积极提升市场需求挖掘与对接能力，融入和参与了"一带一路"倡议。积极举办与绿色产业发展相关的行业论坛、园区政策解读等活动，吸引了海内外大量的先进技术和优秀项目进驻园区，在"引进来"发展方向上积累了丰富的建设运营经验。另外，园区还积极探索构建开放型经济新体制，为区域内企业"走出去"提供一站式服务。目前，区域内多家企业已顺利开拓了马来西亚、印度、德国、印度尼西亚、以色列、美国等多个海外市场，为园区"双循环"新格局下的海外市场拓展增添了一抹亮色。

（四）基础设施突破创新

为深入探索符合园区实际需求，并能促进区域能源优化配置、提升全区综合竞争力的能源互联网创新建设发展路径，推动能源互联网项目与信息通信基础设施深度融合，苏州工业园区于 2016 年 1 月启动了能源互联网示范项目建设，并于 2017 年入选国家能源局首批"互联网＋"智慧能源（能源互联网）示范项目。项目围绕"互联网＋"智慧能源的核心理念，搭建能源互联网层级构架。总体设计方案包括能源互联网基础设施层（终端设备与基础传输网络进行数据收集与传输）、能源互联网支撑层（能源服务云平台实现数据信息的远距离传输与处理）、能源互联网应用层（提供多能协同、智慧用能、区域配售电等实际操作）三个主要层次。

经过 3 年建设期，各建设项目较好地完成了预期建设目标。"十三五"期间，园区初步形成多能协同、开放共享的能源生态体系，其中，能源互联网支撑层的能源管理平台，能够协助政府主管部门准确把握地区能源供给与需求之间的关系，各行业能源使用与企业发展变动状况，支撑了能源、环境与经济发展等方面制定精准、有效的相关政策规划，进一步提升区域终端能效水平。能源互联网示范项目的建设不仅提升了全社会、企业的绿色发展意识，同时也推动了供给侧能源体制机制改革，降低企业用能成本，进一步提升全社会用能效率，实现区域能源平衡，也促进了能源新技术、新模式的先行先试。

# 三、苏州工业园区近年来碳达峰碳中和行动成效

## （一）能源消费现状

### 1. 能源消费总量上升趋势缓慢

苏州工业园区 2015—2020 年能源消费总量总体呈现缓慢上升趋势，见图 3 - 1。2020 年，园区能源消费总量由 2015 年的 453.70 万吨标准煤上升至 465.80 万吨标准煤，能源消费累计增量 12.10 万吨标准煤，较 2015 年上升 2.67%，年均增长率 0.53%。

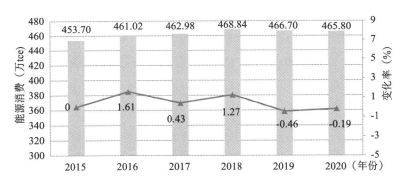

图 3 - 1　苏州工业园区能源消费总量图

### 2. 能源消费品种结构清洁化

苏州工业园区能源消费品种结构相对稳定，从园区一次能源供应端分析，园区以外调电力和天然气为主。2015 年，一次能源中占比较高的能源品种为外调电力、天然气和煤炭，能源占比分别为 40.49%、31.47% 和 16.75%，汽油、柴油和燃料油总占比为 11.28%，见图 3 - 2。2020 年，

一次能源占比较高的为外调电力和天然气，占比分别为 46.62%、31.33%，总占比达 77.95%，后面依次为煤炭、汽油、柴油、液化石油气等，合计占比为 22.05%，见图 3-3。

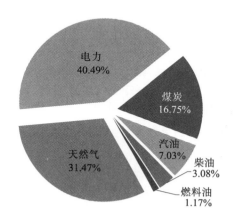

图 3-2　2015 年苏州工业园区能源结构图

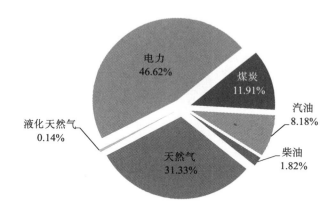

图 3-3　2020 年苏州工业园区能源结构图

2015—2020 年，外调电力和天然气量呈现总体上升趋势，其中，外调电力上升 18.19%，天然气上升 2.22%；煤炭和柴油消耗量稳步下降，其中，煤炭消耗量下降 27.00%，柴油消耗量下降 39.42%。园区一次能源消费品种结构持续优化，逐步向清洁化、低碳化方向发展，见图 3-4。

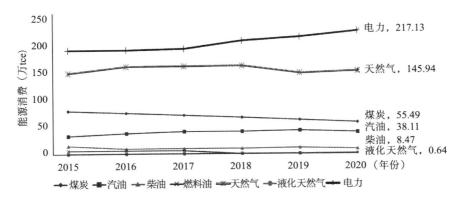

图 3-4    2015—2020 年苏州工业园区一次能源品种结构变化图

从终端能源消费分析，能源品种方面，电力占据绝对比重。2020 年，电力消费占比为 59.75%，其次为热力 18.74%，天然气占比 11.37%，见图 3-5。合理用电仍为苏州工业园区未来工作的重点方向。

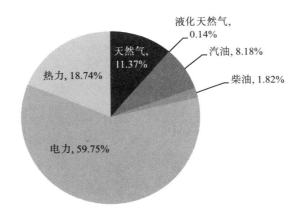

图 3-5    2020 年苏州工业园区终端能源品种结构图

3. 能源利用效率保持先进水平

苏州工业园区 2015—2020 年单位地区生产总值能耗逐年下降，2020 年单位地区生产总值能耗相比 2015 年下降 16.83%，年均下降 3.62%，能源利用效率下降幅度较大，园区经济发展对能源消费的依赖度偏低。同时对比北京、上海、深圳、苏州市区等区域，目前苏州工业园区单位地区生产总值能源消耗处于先进水平。2019 年苏州工业园区单位地区生产总值能耗与各地区对比如图 3 - 6 所示。在人均能源消费方面，2020 年苏州工业园区人均能源消费量为 4.108tce/人，相比 2015 年下降 7.23%，年平均下降率 1.49%。2015—2020 年苏州工业园区人均能源消费情况如图 3 - 7 所示。

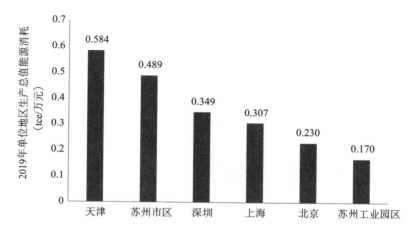

**图 3 - 6　2019 年苏州工业园区单位地区生产总值能耗与各地区对比**

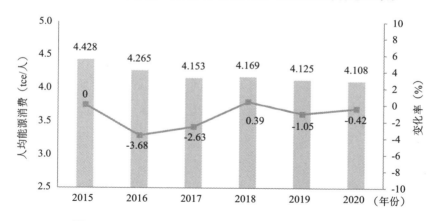

**图 3 - 7　2015—2020 年苏州工业园区人均能源消费情况**

4. 终端能源消费产业结构突出

苏州工业园区终端能源消费产业结构中，造纸和纸质品业、计算机通信和其他电子设备制造业、电力热力生产供应业、非金属矿物制品业、化学原料和化学制品制造业能源消费占比较高，分别占比 24.43%、23.57%、

17.65%、5.18% 和 4.35%，五大行业终端能源消费占比 75.18%，其他行业终端能源消费占比 24.82%，见图 3 - 8。因此，五大行业能源消费是园区能源消费管理的重点领域，尤其是造纸和纸质品业、计算机通信和其他电子设备制造业和电力热力生产供应业。

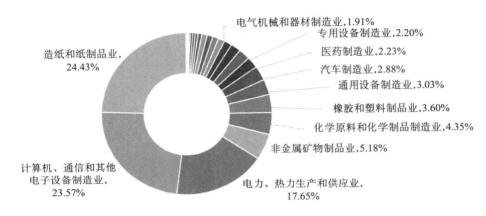

图 3 - 8　苏州工业园区能源消耗产业结构图

## （二）碳排放现状

### 1. 碳排放总量呈现缓慢上升趋势

苏州工业园区 2015—2020 年碳排放总量总体呈现缓慢上升趋势。2020 年，园区碳排放总量（未含土地利用变化和林业）由 2015 年的 1192.03 万 $tCO_2e$ 上升至 1308.90 万 $tCO_2e$，碳排放总量累计增量 116.87 万 $tCO_2e$，较 2015 年上升 9.80%，年均增长率 1.89%。2015—2020 年苏州工业园区碳排放总量（未含土地利用变化和林业）如图 3 - 9 所示。

### 2. 碳排放结构以能源活动为重点

从碳排放来源方面分析，苏州工业园区 2015—2020 年碳排放主要来源包括能源活动排放、工业生产过程排放和废弃物处理排放，且均呈现上升趋势，见图 3 - 11。其中，能源活动排放占总排放量 98% 左右，工业生产过程排放占总排放量 1.4% 左右，废弃物处理排放占总排放量 0.6% 左右。2015—2020 年苏州工业园区能源活动来源分布如图 3 - 10 所示。此外，能

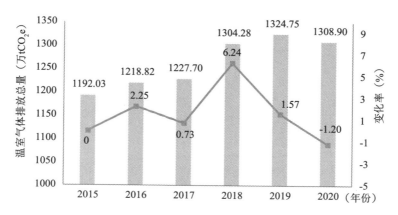

图 3 - 9　2015—2020 年苏州工业园区碳排放总量

（未含土地利用变化和林业）

源活动 2020 年总排放量相比 2015 年上升 9.19%，能源活动排放主要包括化石燃料燃烧排放和电力调入调出排放。2020 年电力调入调出排放占能源活动排放 60.63%，相比 2015 年增加 35.69%；2020 年化石燃料燃烧排放占能源活动排放 39.37%，相比 2015 年下降 16.06%。

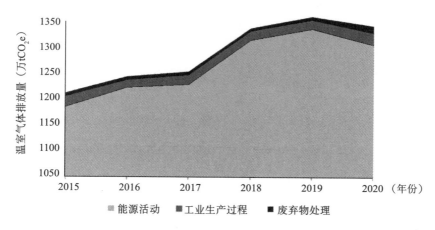

图 3 - 10　2015—2020 年苏州工业园区碳排放来源分布

从温室气体排放类型方面分析，苏州工业园区 2015—2020 年温室气体排放类型主要包括 $CO_2$、$CH_4$、$N_2O$、HFCs、PFCs 和 $SF_6$。各类气体中，$CO_2$ 占比最高，占比在 97% 左右，其他气体排放占比在 3% 左右，其中六氟化硫（$SF_6$）、氢氟碳化物（HFCS）和全氟化碳（PFCS）三者排放总量占比为 1.56%，气体主要来自于半导体生产过程排放，见图 3 - 12。

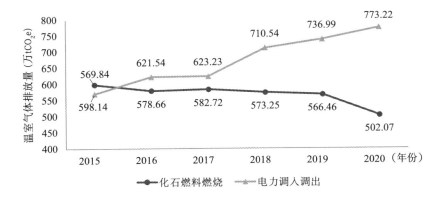

图 3 - 11　2015—2020 年苏州工业园区能源活动碳排放

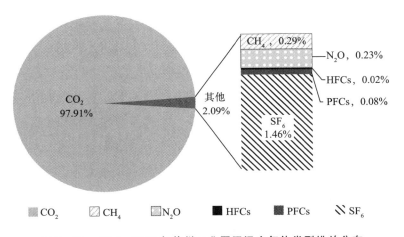

图 3 - 12　2015—2020 年苏州工业园区温室气体类型排放分布

从温室气体排放终端行业方面分析，排放占比从高到低依次为工业和建筑业、服务业及其他、居民生活、交通运输和农林牧渔，其中，工业和建筑业排放占比达 64%，见图 3 - 13。工业温室气体排放主要集中在造纸和纸制品业，计算机、通信和其他电子设备制造业，电力、热力生产供应业，非金属矿物制品业，化学原料和化学制品制造业。

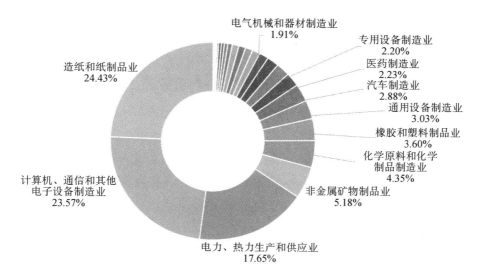

电气机械和器材制造业
1.91%

专用设备制造业
2.20%

医药制造业
2.23%

汽车制造业
2.88%

通用设备制造业
3.03%

橡胶和塑料制品业
3.60%

化学原料和化学
制品制造业
4.35%

非金属矿物制品业
5.18%

造纸和纸制品业
24.43%

计算机、通信和其他
电子设备制造业
23.57%

电力、热力生产和供应业
17.65%

**图 3 - 13　苏州工业园区温室气体分行业排放**

3. 碳排放强度处于国内先进水平

苏州工业园区 2015—2020 年单位地区生产总值能耗逐年下降，2020 年单位地区生产总值碳排放为 0.45tCO$_2$/万元，相比 2015 年下降 22.19%，年均下降 4.89%，见图 3 - 14。根据中国碳核算数据库（CEADs）统计，2020 年北京、上海和天津单位地区生产总值碳排放量分别为 0.27tCO$_2$/万元、0.53tCO$_2$/万元和 1.15tCO$_2$/万元，全国平均值为 0.79tCO$_2$/万元，园区碳排放水平已处于国内较先进水平。对比国际排放数据，新加坡和香港单位地区生产总值碳排放量分别为 0.18 tCO$_2$/万元和 0.19tCO$_2$/万元，园区在碳排放强度方面仍有一定降低潜力。

在人均碳排放方面，2020 年苏州工业园区人均碳排放强度 11.543 tCO$_2$/人，相比 2015 年下降 0.78%，年均碳排放下降 0.16%，2015—2020 年苏州工业园区人均碳排放强度如图 3 - 15 所示。根据《BP 世界能源统计年鉴》统计显示，我国人均碳排放强度为 6.88tCO$_2$/人，美国 15.1tCO$_2$/人，欧盟 7.4tCO$_2$/人。

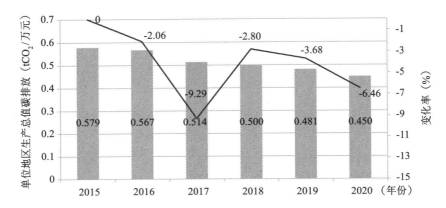

图 3 – 14　2015—2020 年苏州工业园区单位地区生产总值碳排放情况

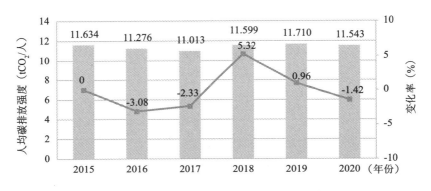

图 3 – 15　2015—2020 年苏州工业园区人均碳排放强度

（三）绿色低碳工作开展情况

1. 低碳工业落实成效显著

"十三五"时期园区通过清洁生产审核、项目能源技术评价、能源审计、节能改造、节能目标考核、绿色制造、能源管理体系建设等工作抓手，稳步推进工业绿色发展。持续推动重点用能单位基础能力建设，同时加大节能改造项目、光伏项目推进力度，促进企业绿色低碳转型。

2015—2020 年，园区制定《苏州工业园区绿色发展专项引导资金管理办法》文件，推动园区节能、低碳、循环、绿色发展，支持方向包括绿色发展能力建设项目、重点用能单位绿色发展目标责任考核奖励、绿色发展重点扶持项目等，"十三五"时期累计支持项目 500 余项，从奖励项目数量和奖励资金方面均呈现上升趋势，见图 3 - 16，百余家企业进行节能项目改造，实现累计节能量近 10 万吨标煤。2020 年绿色发展专项引导资金补贴中，占比最高的是节能技改项目补贴，占比 38.83%；其次为能源建设项目，占比 25.81%；然后是分布式光伏项目，占比 18.07%，见图 3 - 17。"十三五"时期，园区企业积极参与"创绿行动"，友达光电、通富超威、尚美等 18 家企业入选国家/省级绿色工厂、国家绿色供应链等，尚美成为欧莱雅集团亚太及中国区的首个"零碳"工厂。

图 3 - 16　2015—2020 年苏州工业园区专项资金支持情况

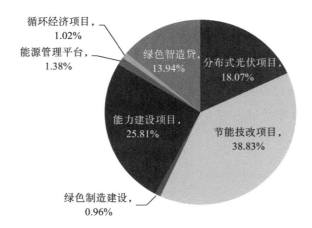

图 3 - 17　2020 年苏州工业园区奖励方向分布

2. 绿色建筑工作稳步推进

"十三五"期间,根据国家及省、市相关标准、办法开展建筑节能和绿色建筑工作,园区全面履行《江苏省绿色建筑发展条例》要求,严格落实《苏州工业园区绿色建筑工作实施方案》》(苏园管办〔2015〕5号),在绿色建筑设计阶段、建设阶段、营运阶段实施全过程低碳管理,严格执行建筑节能"专项设计、专项审查、专项施工、专项监理、专项监督、专项验收"6个专项监管制度,按照工程建设基本程序,对各环节实行全过程闭合监管,确保竣工项目符合节能设计标准。同时,积极推进各级可再生能源、新能源建设应用,住宅建筑顶部6层设置太阳能热水系统,大型公共建筑采用太阳能热水、太阳能光伏、地源热泵等可再生能源。

在新建建筑方面,园区目前共有各类项目获得172个绿色建筑认证标识(其中,三星级绿色建筑42个、二星级绿色建筑115个),总建筑面积逾1400万平方米,并有13个项目取得运行标识。2020年,总计新建绿色建筑213.19万平方米,其中竣工居住建筑70.1万平方米,竣工公共建筑143.09万平方米,城镇新建建筑中绿色建筑所占比重100%。截至"十三五"末期,园区累计节能住宅面积60559万平方米,累计节能公共建筑面积2880万平方米。

在既有建筑改造和新能源应用方面,"十三五"时期园区积极推进大型公建和居民住宅既有建筑节能改造,涵盖绿色照明、建筑能耗分项计量、建筑外窗、空调系统、能耗监测系统等改造。在可再生能源应用方面,园区积极推进住宅和公建太阳能热水系统,采用地源热泵系统应用。2020年,通过新建绿色建筑、可再生能源应用、居住建筑及公共建筑节能改造,园区全年节能量达到4.65万吨标煤。

## 第二节　苏州工业园区碳达峰碳中和存在的问题

2020 年 9 月 22 日，习近平总书记在第七十五届联合国大会一般性辩论上庄严宣布："中国将提高国家自主贡献力度，采取更加有力的政策和措施，二氧化碳排放力争于 2030 年前达到峰值，努力争取 2060 年前实现碳中和。"十九届五中全会也将"碳排放达峰后稳中有降"纳入 2035 年基本实现社会主义现代化的远景目标。这一重大战略决策的确立，充分体现了我国作为全球生态文明建设重要参与者、贡献者、引领者的大国担当，同时，做好碳达峰碳中和工作是中央经济工作会议确定的 2021 年八项重点任务之一。苏州工业园区积极推进园区碳达峰碳中和相关工作，但实现碳达峰和碳中和园区仍面临诸多问题。

### 一、园区碳排放统计体系有待在国家统计基础上深入细化

由于中国工业园区在国家统计体系中不是独立的统计单元，缺乏边界清晰、标准统一、准确可靠的数据基础，导致工业园区温室气体排放核算方法不统一，排放现状与特征尚不清晰，碳排放底数不清，进而导致工业园区共性和针对性的温室气体减排路径、减排潜力、成本效益以及预期贡献尚不明确。苏州工业园区受整体统计体系影响，在碳排放数据统计方面存在相同问题，园区需在现有国家能源统计制度体系基础上继续建立健全碳排放的统计体系与核算管理制度，明确能源活动、工业生产过程、废弃物处理、林业等重点环节碳排放数据主管部门、统计口径、统计方法及数据核算标准等，建立健全重点行业、重点排放单位碳排放数据库，继而为园区"双碳"目标监督考核和实现建立扎实、全面的数据基础。

能源活动和工业企业是碳排放的重点领域和管控对象，因此园区应尤其加强能源活动数据中化石燃料燃烧各类活动水平、排放因子数据的统计和相关指标本地化工作，同时强化重点行业企业碳排放数据核算、披露管理。

## 二、"双碳"目标责任考核制度有待完善

园区"双碳"目标监督管理和企业碳排放绩效考核机制有待建立。作为"双碳"目标完成的重要抓手，园区需继续建立健全"双碳"目标责任考核制度和环保信用评价标准，强化各主管部门、各重点排放单位"双碳"发展目标责任落实，推进园区内企业碳排放信用信息与企业优惠政策落地，从而促进园区"双碳"目标完成。

## 三、绿色产业企业技术创新能力有待加强

近年来，园区绿色产业企业技术水平不断提升，国家高新技术企业数量及万人有效发明专利数量均不断增加，主导技术和产品基本可以满足市场需求。但园区绿色产业高端企业数量较少、规模较小，以民营中小企业为主的绿色产业原始创新较弱、创新投入过少，"产学研"核心主体不明确，缺乏有效合作和渗透，导致产业内技术创新能力不足。与此同时，市场化手段有限，也限制了绿色产业企业技术的进一步发展，技术推广保障机制有待完善。

## 四、绿色建筑发展需全面持续推进

园区在新建建筑绿色管理方面全面履行国家、省、市相关政策，配套支持政策较为完善，但在既有建筑绿色改造升级方面有待加大推进力度，尤其大型公建节能低碳改造方面，目前由于存在计量基础设施和能耗数据

不完善、业主协调困难、示范案例缺乏等瓶颈，一定程度上制约了综合节能低碳改造项目的应用推广。

## 五、绿色金融创新能力有待提升

园区绿色金融发展基础目前相对薄弱，现有绿色金融体系、市场环境和统一的绿色评估机制有待建立健全。同时，园区金融机构参与力度不足，绿色金融产品创新有待加强，继而满足多层次、多类型的市场需求。其中，绿色信贷发展速度较慢，绿色证券、绿色信托等金融产品方面有待完善，从而解决部分绿色行业中小微企业资金短缺和融资难问题。

# 第三节　国内外可参考借鉴的经验

## 一、产业结构调整

改革开放 40 多年来，我国的产业结构调整经历了多个发展阶段，早期的产业结构调整侧重于研究经济发展相关领域。从"十一五"开始，随着我国在节能领域工作的深入开展，产业结构调整对节能减碳的影响也逐步成为产业结构调整关注的重点要素。根据相关可视化分析文献显示①，产业结构调整对节能减碳的影响是继产业结构调整对经济、劳动力、财政、创新发展影响后的第 5 个研究要素，特别是近几年来，研究产业结构调整对节能减碳影响的关注度越来越高。当前，产业结构调整的关注点已集中在经济的绿色、低碳、高精尖等高质量发展要点上。

---

① 张璞等：《产业结构调整研究演进与前沿分析——基于 CiteSpace 的可视化分析》，《工业经济论坛》2018 年第 2 期。

在国家近几个五年的节能减排综合性工作方案中，产业结构调整均为重点任务，并位列节能减排行动方案的首位，凸显了产业结构调整对节能减排的重要性。在"十一五"时期的节能减排重点任务中，产业结构调整的重点是控制高耗能、高污染行业过快增长，加快淘汰落后生产能力，完善促进产业结构调整的政策措施，促进服务业和高技术产业加快发展4个方面。发展到"十三五"时期，节能减排重点任务中，产业结构调整的重点是促进传统产业转型升级、加快新兴产业发展2个方面。在新的历史阶段，产业结构调整促进节能减排的工作重点已经不在于淘汰落后生产能力，控制高耗能、高污染行业过快增长等方面，而是在于促进传统产业升级改造、有序引导绿色新兴产业发展上，重点举措也主要集中在促进制造业高端化、智能化、绿色化、服务化；推进绿色管理；支持鼓励重点行业改造升级；强化节能环保标准约束，严格行业规范、准入管理；发展壮大新一代信息技术、高端制造、新材料、生物、新能源、节能环保、数字创意等战略性新兴产业；支持技术装备和服务模式创新；开展节能环保产业常规调查统计等方面。

在《中华人民共和国国民经济和社会发展第十四个五年规划和2035年远景目标纲要》中，在产业发展方向上，提出了培育先进制造业集群，推动集成电路、航空航天、船舶与海洋工程装备、机器人、先进轨道交通装备、先进电力装备、工程机械、高端数控机床、医药及医疗设备等产业创新发展；聚焦新一代信息技术、生物技术、新能源、新材料、高端装备、新能源汽车、绿色环保以及航空航天、海洋装备等战略性新兴产业；谋划布局类脑智能、量子信息、基因技术、未来网络、深海空天开发、氢能与储能等前沿科技产业；改造提升传统产业，推动石化、钢铁、有色、建材等原材料产业布局优化和结构调整；加快化工、造纸等重点行业企业改造升级；促进生产性服务业、生活性服务业繁荣发展；推进服务业综合改革试点和扩大开放等，产业发展已明显侧重在绿色、低碳、高精尖方面。

综上分析，在产业结构促节能减碳措施上，国家是从两个方向作为重点，一是从既有产业的低碳转型发展思路上，推动既有产业的绿色低碳转型，严格控制高碳排放、高耗能产业发展，降低高碳产业的经济结构比重；二是从新增产业方向出发，推动高精尖、绿色、高附加值、新兴产业的发展，从而增加低碳产业的经济结构比重。而且，全国各大省市在推进产业结构优化调整方面，均关注三次产业结构调整，同时也关注各产业内细分行业的调整。2020 年，我国三次产业结构为 7.7：37.8：54.5，发达经济体的第三产业占比普遍在 70% 以上，比我国高 15 个百分点左右[①]。因此，在产业结构调整上，我国还有较大的潜力，但在经济产业结构调整中，在关注绿色低碳问题的同时，应充分借鉴发达国家以往的发展经验，避免出现产业"虚拟化、空心化"问题，防止服务业脱离制造业发展的基础，导致经济结构失衡，推动在低碳发展的产业结构调整措施落实上，既要关注绿色低碳问题，又要关注经济可持续发展问题，避免先走"去工业化"，再到"再工业化"的发展过程，直接走推动传统制造业升级改造、发展先进制造业同步走的策略。

## 二、优化能源结构

能源是国民经济发展的动力基础，合理的能源消费结构能够促进社会经济的可持续发展，对于实现经济高质量发展具有重要意义，然而不合理的能源消费结构无法为经济社会的可持续发展提供保障，还将导致环境污染和生态失衡。

积极推进能源结构调整是我国历年来节能减排工作的重点，在"十一五""十二五""十三五"等五年的节能减排行动方案中，均将推进能源结构调整作为重点工作之一。在当前的碳达峰碳中和工作中，能源结构调整更是成为推动碳达峰碳中和的重点优化工作。对比分析相关文献，得出

---

我国优化能源结构的路径：一是技术创新，降低能耗，降低化石能源消耗比例；二是大力发展风电、太阳能、地热能等，安全发展核电，优化发展水电等绿色能源和可再生能源；三是提升清洁能源消纳和存储能力，加快智能电网建设，加快储能技术规模化应用，加强源网荷储衔接。所提及的工作要点有：

（1）加强煤炭等安全绿色开发和清洁高效利用，大力推广应用煤炭清洁生产、低碳利用和高效转化技术，推广使用优质煤、洁净型煤，降低化石能源消耗比例；

（2）鼓励利用可再生能源、天然气、电力等优质能源替代燃煤使用，推进煤改气、煤改电；

（3）安全发展核电，有序发展水电和天然气发电；

（4）加快发展非化石能源，大力提升风电、光伏发电规模，推动风能、太阳能大规模发展和多元化利用，有序发展海上风电，增加清洁低碳电力供应；

（5）因地制宜开发利用地热能，推进地热能、沼气、生物质能利用；

（6）加快电网基础设施智能化改造和智能微网建设，加快抽水蓄能电站建设和新型储能技术规模化应用；

（7）加快发展东中部分布式能源，推进能源资源梯级利用，坚持集中式和分布式并举。

在能源结构优化发展目标上，《中华人民共和国国民经济和社会发展第十四个五年规划和 2035 年远景目标纲要》《中共中央国务院关于完整准确全面贯彻新发展理念做好碳达峰碳中和工作的意见》《2030 年前碳达峰行动方案》等国家纲领提出，到 2025 年非化石能源占能源消费总量比重提高到 20% 左右，到 2030 年达到 25% 左右，到 2060 年实现大于 80%；2020 年 12 月 12 日，习近平总书记在气候雄心峰会上提出，到 2030 年，我国的非化石能源占能源消费总量比重达到 25% 左右。

# 三、提升能源利用效率

## （一）提升工业能源利用效率

一是加大对高耗能、高污染落后产能的淘汰力度。落实推进供给侧结构性改革的要求，结合大气污染防治和低碳发展的需要，持续加大对落后产能的淘汰力度，有效加强工业节能。加快电力行业老旧机组关停，推进高能耗产业企业搬迁、关停、整治工作。从源头控制高耗能、高排放产业，通过实施固定资产项目节能评估和碳排放评估，从用能总量、工艺技术、用能设备、能耗标准、节能措施、碳排放标准等方面严把准入关，有效从源头开始控制对高耗能、高排放产业的新增投资，规避高耗能产业的无序增长，全面统筹电力调出管理。

二是要完善工业低碳措施。要持续推进工业燃料替代，鼓励重点高碳排放行业技术工艺优化，探索工业生产清洁能源生产和应用；探索推进区域供热燃料替代，统筹推进工业余热综合利用。要提升工业能效标准，建立碳排放对标机制，发布重点行业和主要产品年度平均排放强度，引导平均线以下的企业对标排放。要加强重点用能企业管理推行工艺技术更新改造：根据本地情况设定"用能门槛"，选取重点企业，并以其为抓手，推进技术更新改造，深化节能目标考核。对重点企业采取的具体措施包括：制定下达重点企业节能技改项目实施计划、能源审计、碳盘查和节能监察，安排专项资金扶持重点行业和用能企业的节能技术改造，建设能源管理体系，开展能效对标及采取差别化电价等经济措施。要强化节能低碳引导资金支持：通过走进企业、节能技术对接、现场节能诊断等方式开展推广工作，充分发挥节能（循环经济）专项和绿色信贷等资金引导作用和节能服务机构积极性，支持企业实施重点节能技术应用改造，对符合条件、绩效显著的节能改造项目优先给予支持，不断提升全市工业能效水平。

三是推进电力行业减排。能源燃烧是我国主要的二氧化碳排放源，占全部二氧化碳排放的 88% 左右，而电力行业排放又占到能源行业排放的 40% 左右。电力行业不仅要承接交通、建筑、工业等领域转移的能源消耗和排放，还要对存量化石能源电源进行清洁替代，因此推进电力行业减排是降低能源碳排放的关键。首先，加快构建多元化清洁能源供应体系，开发光伏、海上和陆上风电和生物质等非水可再生能源，有序推进分散式风电、潮流能、地热能利用。其次，强化电网侧储能应用和健全需求侧响应，提高电网的灵活性，提升可再生能源消纳水平；加快能源技术创新，推进大容量高电压风电机组、光伏逆变器创新突破，加快大容量、高密度、高安全、低成本储能装置研制。再次，推进煤电灵活性改造，科学设定煤电达峰目标，推动煤电更多承担系统调节功能。最后，以电为中心，推动风光水火储多能融合互补、电气冷热多元聚合互动，提高整体能效。推动"以电代煤""以电代油"，加快工业、建筑、交通等重点行业电能替代。

四是推进绿色低碳工业体系建设。2016 年 6 月，工信部出台《工业绿色发展规划（2016—2020 年）》，提出到 2020 年，绿色制造体系初步建立，明确了我国工业绿色发展的时间表和路线图，并提出到 2020 年，绿色发展理念成为工业全领域、全过程的普遍要求，能源利用效率、资源利用水平、清洁生产水平大幅提升，绿色制造产业快速发展、体系初步建立。截至 2020 年底，我国共打造 2121 家绿色工厂，171 家绿色工业园区，189 家绿色供应链企业。绿色低碳工业是碳达峰碳中和的有力支撑。首先，继续深入推动实施低碳产品和低碳企业标准、标识和认证制度，加快绿色低碳工业体系建设，完善主要耗能产品能耗限额和产品能效标准，加大高效节能家电、汽车、电机、照明产品的推广力度，刺激低碳产品需求，倡导低碳消费，并制定相应的激励措施，鼓励企业生产绿色低碳产品，加快向低碳生产模式转变。其次，全面深入推进工业绿色制造，建设绿色园区、绿色工厂、绿色产品、绿色供应链名单，开展绿色制造系统集成工作。

## （二）提升建筑能源利用效率

建筑相关的能源消费占全球能源消费量的32%，建筑相关的二氧化碳排放占全球人为二氧化碳排放总量的四分之一，建筑能源效率提升是碳达峰碳中和的重要环节。目前，控制服务业规模的合理增长、提升能效、强化低碳能源的利用和严格控制"大拆大建"等将成为建筑领域低碳转型的主要内容。

### 1. 推进建筑能效政策体系建设

我国持续完善建筑能效政策体系建设。目前，我国建筑能效政策体系主要包括政策法规体系、标准管理机制、基础能力建设机制、技术体系以及市场化机制等。国家层面通过政策法规顶层设计，实施目标管理体制，以标准管理、技术体系支撑、基础能力建设和推行市场化机制，持续提升建筑能效，全面覆盖建筑全生命周期用能排放环节，绿色校园、绿色生态城区、绿色工业建筑、绿色办公建筑、绿色医院建筑等均发布了国家或行业评价标准。全国20余省市也出台了地方性绿色建筑设计、评价和能耗定额管理标准，涵盖了建筑设计、施工、运行、改造不同阶段，为建筑绿色发展提供了标准依据和技术支撑。各省、市层面出台系列政策标准和目标考核要求，目标包括对新建建筑节能标准的执行率、既有建筑节能改造、公共建筑节能监管，以及建筑能耗审计、公示、运行管理和新型建材推广应用等具体要求，推动新建建筑能效提升。北京市近年来通过编制北京市绿色建筑适用技术推广目录，推行星级绿色建筑标识制度，发展装配式建筑及制定修订《绿色建筑评价标准》《居住建筑节能设计标准》等相关标准，印发《北京市绿色建筑创建行动实施方案（2020—2022年）》等措施，持续推动新建建筑能效。同时，提出绿色建筑量化目标，在全国率先发布《居住建筑节能设计标准》，强化对新建建筑项目执行建筑节能和绿色建筑的审查，在立项、设计、施工和运行管理过程中强化绿色建筑标准的实施。

2. 强化能力建设和目标管控

建筑能效提升总体思路坚持：摸清家底（基础能力）、设定目标、分解目标、描绘路线图、分步实施。因此，建筑计量、统计等能力建设和目标管控是建筑能效提升的基础和关键环节。

建筑能效提升第一步是系统全面计量统计建筑各类能源消耗数据，全面夯实能源计量基础，提升能源计量智能化、专业化、网络化服务水平，是评价能源利用状况、实施节能目标管理的重要基础和手段，也是实现绿色发展的有力支撑。

北京经验：北京市2014年启动能源计量基础能力建设和能效领跑者试点工作，制定完善能源计量标准体系及操作规范，推进能源计量器具完善配置和智能化升级，建立健全重点用能单位能源计量管理制度，推进重点用能单位完善计量体系，由一级计量逐步拓展至重点用能设备计量。建立国家机关办公建筑和大型公共建筑能耗监测系统，每年对大型公建耗能情况进行监测统计，此外，每年各市区发改委组织开展能源审计，全面把控重点用能单位能源情况。北京市作为碳交易试点城市之一，部分大型公建纳入碳排放交易履约单位，明确规定对于纳入重点排放单位的碳排放数据必须可监测、可统计、可核算。同时，公共机构充分发挥示范引领作用，在各项措施的组合出击下，公共机构能源控制成效显著，"十三五"期间，北京市公共机构能源资源消耗总量比"十二五"末下降17.8%，单位建筑面积能耗下降16.4%，人均综合能耗下降12.4%。

苏州要求：苏州市在《苏州市低碳发展规划》中提出，继续推进机关办公建筑和大型公共建筑节能运行监管体系建设，对中心城区30%以上的市级机关既有办公建筑和大型公共建筑进行能源审计。完善能耗统计和新建建筑节能信息统计报表制度。扩大能耗监测范围，扩展能耗监测数据的应用功能，加强对高能耗建筑的管理，在建立政府办公大楼和大型公共建筑能源监管体系的基础上，推行建筑节能评估和能效标识制度。

专栏 3-1：国际建筑目标设定及基础能力建设

1. 东京市的第一个总量控制和排放交易计划，要求大型商业和工业建筑减少二氧化碳排放。该计划于 2010 年 4 月实施，管控着东京地区 1400 个大型的二氧化碳排放设施。这些设施的单个能耗都超过了 150 万升原油当量，总计约占城市建筑部门排放的 40%。2010—2014年，该计划要求大多数建筑物的排放量比基准年减少 8%，并且在 2015—2019 年内减少 17%。实现更多减排的建筑物可以将超额减排量出售给其他主体。承用户也有义务配合建筑业主减少其碳排放。该计划在首年就实现建筑部门碳减排 13%，运行四年以来总共减排了 23%。

2. 韩国国家政府制定了目标，所有新的多户住房将在 2025 年实现净零能耗。首尔市政府将 2023 年定为目标年，比国家政府目标提前两年。

3. 香港为减少建筑行业对环境产生的负担，香港绿色建筑委员会于 2013 年 3 月发起了"香港 2030"运动，推动到 2030 年实现建筑电力消耗绝对量比 2005 年低 30%。

4. 纽约市大型建筑的业主每年都需要通过一套建立基准标杆的免费在线工具，采用标准化方式测量和报告其能源消耗情况，为获得整栋大楼的能源使用数据建立基准标杆。建筑的业主可通过承用户获取数据，也可通过公用事业单位获取整体的月度数据。对收集到的基准数据进行分析后表明，纽约市大型建筑的总能耗差别巨大，类似的资产相差可达 3—7 倍，改善能效潜力巨大。对基准标杆数据加以利用前景广阔，如纽约市建立的能源效率公司节能潜力（ESP）工具。该工具利用某个建筑自身的基础标杆数据，并基于建筑类型和燃料消耗状况评估节能潜力，有助于贷款发起人更加相信建筑节能项目的预期节能量，并有助于能效贷款产品实现标准化。

5. 西雅图市部署智能电表，实时反馈能源使用信息；公开能源基准报告信息；对住宅等公开住户能源使用信息以及能效评级。

3. 持续系统推进建筑节能减碳

建筑总体包括民用建筑和公共建筑两大类型，建筑能耗主要包括采暖、空调、制冷、家用电器、照明、办公设备、热水供应、炊事、电梯、通风等能耗，其中主要能源消耗是采暖（主要集中在中国北方地区）和空调能耗（主要集中在中国南方地区），大部分地区的建筑采暖和空调能耗超过了建筑总能耗的50%。目前，建筑领域能效提升主要为通过节能材料、节能技术等应用实现建筑低碳化和零碳化，减少建筑能耗的主要途径包括合理控制建筑规模、提高建筑能源利用效率、优化建筑用能结构、引导节约的建筑用能方式等，其中，优化建筑用能结构的重点是推进在建筑部门应用低碳能源，尤其是促进可再生能源在建筑中的规模化应用。

---

**专栏 3 - 2：建筑节能减碳措施**

1. 西雅图市建立低碳到无碳能源的多样性可再生区域能源系统；通过规划强化余热废热利用。

2. 哥本哈根鼓励和支持增加太阳能电池使用，在现有市政建筑和新建建筑上安装太阳能电池板 6 万平方米。

3. 上海市提出完善低能耗建筑体系、建筑能耗限额管理体系，全面推进新建建筑应用可再生能源，持续提升既有建筑能效，开展超低能耗建筑示范建设；进一步推广装配式建筑，积极推进绿色生态城区创建和既有城区绿色更新实践。上海市通过依托绿色生态城区推进绿色建筑规模化、高星级发展，全面推广绿色建筑，推广装配式建筑与市政基础设施的技术应用，加强现有建筑的节能改造，至 2035 年，实现符合条件实施装配式建筑覆盖率 100%、新建民用建筑绿色建筑达标率达到 100%。

4. 北京市住建委发布《北京市"十三五"时期民用建筑节能发展规划》，到 2020 年底，北京市绿色建筑面积占城镇民用建筑总面积比例达 25% 以上，城镇绿色建筑占新建建筑比重达到 50%，新开工全装修成品住宅面积达到 30%，绿色建材在新建建筑上应用比例达 40%。

装配式建筑面积占新建建筑面积比例达到 15%。

5. 苏州市对于新建建筑，2020 年全市 50% 的城镇新建民用建筑按二星及以上绿色建筑标准设计建造，推进建筑节能和绿色建筑示范区建设的实施，加强苏州市新建建筑生命周期全过程管理；对于既有建筑，积极制定老城区改造的节能实施方案，继续发挥政府项目创建节能建筑的带头作用，加大公共事业单位推进力度，采取政府适度补贴的方式，引导社会相关主体积极参与，建立长期有效的既有建筑节能改造资金筹措机制以及市场运行管理机制，推进合同能源管理在既有建筑改造中的应用。对于建筑可再生能源利用，提出完善新建建筑设计规范，推行建筑物与可再生能源一体化进程。在 12 层以下新建住宅建筑、有热水需求的公共建筑以及既有建筑节能改造中，推广采用太阳能光热建筑一体化技术；机关办公建筑及大型公共建筑优先应用土壤源热泵系统；在热电厂供汽范围内，大型公共建筑利用热电厂蒸汽实现供冷供热及供热水。

6. 武汉市研究出台《武汉市绿色建筑管理办法》，制订全市可再生能源工作方案，通过提高建筑节能能效、政策引导、资金支持等措施，大力推广超低能耗建筑、装配式建筑建设以及既有建筑节能改造、太阳能集中供热、屋面光伏、空气源热泵、浅层地热等可再生能源技术在城市建筑中的应用。

7. 青岛市提出每年推动 80 万平方米以上的既有大型公共建筑节能改造，改造后建筑能效提升 20% 以上。

（三）提升交通能源利用效率

交通领域是全球第二大温室气体排放源。交通运输业长期以来也是我国能耗量最大、增长速度最快的行业之一。统计数据显示，交通领域的碳排放占全国终端碳排放的 15%。未来 5 年，我国还将新增机动车 1 亿多辆，工程机械 160 多万台。根据世界资源研究所整理分析，国外主要城市交通排放占比为 20%—60%，部分发达城市交通排放占比高达 60% 以上，如奥斯陆、西雅图。我国城市中，北京、上海交通排放占比为 25% 左右，这与其私家车保有量近几年迅速增长密不可分。《国家综合立体交通网规划纲要》明确提出，推动交通领域二氧化碳排放尽早达峰，降低污染物及温室气体排放强度。交通部门的低碳转型重点通常包括控制交通服务量合理增长、优化交通运输结构、提高交通运输工具效率和提升低碳能源的利用水平等。

1. 提升交通运输能效

侧重各类交通运输方式的节能手段，以提升运输能效。虽然交通行业节能技术发展空间有限，但是城市仍可以鼓励交通领域的龙头汽车制造商等企业自主研发、不断改进工艺流程，鼓励交通运输单位不断完善管理、提升交通运行效率。

2. 强化公共交通体系

注重改善交通运输结构，且以推广货运多式联运、倡导市内公交优先为主。加快完善城市公共交通基础设施建设，鼓励设立公共汽车专用道，不断优化、完善城市轨道交通线路，形成地铁与地面公交相互衔接的骨干公交走廊，构建多层次城市出行系统，提升公共交通分担率；大力发展慢行交通和共享交通，满足城市交通"最后一公里"需要和个性化需求；推动网约车、顺风车、自动驾驶＋共享汽车、共享单车等模式有序发展，继而极大减少私家车出行带来的碳排放。

3. 发展交通用能清洁化

发展电动交通与智慧交通，提升交通用能电气化水平。首先，推动电动汽车及充换电基础设施网络发展，优化基础设施布局，建设车联网平台，构建开放合作的产业生态；其次，健全氢能产业链，加快氢气存储、运输等关键技术研发，提升氢能装备水平，完善加氢基础设施建设及运营模式，推进氢能产业发展，加快氢燃料电池汽车推广应用。以公交车、团体客车和城市物流车为重点，进行示范应用。同时，通过大力推广智慧交通运输技术，加强节能低碳技术产品应用，有效提高交通运输工具的燃料经济性。

**专栏 3 - 3：城市交通能效提升措施**

1. 英国交通部于 2018 年出台了 "The Road to Zero（零排放之路）" 发展战略，提出了英国道路交通的净零愿景，即到 2040 年所有新增车辆能够有效实现零排放，到 2050 年所有道路车辆实现零排放。英国交通部期待此项转型将由行业及消费者主导，并受到政府相关政策的支持。

2. 美国旧金山市于 2019 年提出了全市重点行业实现净零排放的路径，根据研究，其交通行业到 2050 年相比于基准情景可减排 81%，其中交通运输结构、模式转换贡献 41%，能源转换贡献 40%，同时其道路交通是可以实现净零排放的。然而，剩余 19% 的排放主要来自远洋船舶和非道路（机械）交通工具，因为以上交通行为不完全受市政府管理，而需依靠区域的合作联控与行业的技术发展。

3. 新加坡将继续推动人均排放量最低的公共交通成为首选的交通方式。在减少交通排放的同时，合理增加公共交通模式的划分。继续鼓励市民乘搭公共交通工具，扩大和改善公共交通系统，包括：（1）到 2030 年，将轻轨线路总长从 2017 年的 230 公里扩大到 360 公里，每 10 个家庭中就有 8 个家庭距离轻轨站步行 10 分钟；（2）逐步推行公共交通优先通道，建立专用的巴士车道，并采用更智能的交通控制方案，以减少乘客通勤时间；（3）鼓励拼车，让通勤者在没有私家车的情况下有更多的选择。

4. 德国国际合作机构（GIZ）于 2014 年详细总结了可持续低碳交通的政策工具，欧盟于 2016 年提出了提升交通系统效率、加速应用低排放可替代燃料、转向零排放交通工具三大低排放交通战略。

5. 苏州市提出以交通运输先行为发展取向，加大交通基础设施建设，优化交通运输结构，大力发展公共交通，推广低碳交通工具，提升交通信息化管理水平，建设现代化物流运输服务体系，实现交通运输协调可持续发展，促进交通领域节能减碳。具体措施包括：加快建设基础设施，大力发展公共交通，推广低碳交通工具，推进信息化交通管理，完善交通物流体系，加强交通行业节能监管。

6. 武汉市提出不断提升交通领域低碳化。加快发展地铁、轻轨和公交等大容量公共交通，进一步提高公共交通服务质量，提升慢行低碳出行品质，实现覆盖公交、地铁、自行车、步行全绿色出行方式的低碳出行模式，到2025年，绿色出行比例达到75%以上。加快推动新能源公交站台等新基础设施建设，建设城际电动汽车快速充电网络，新增和更新公交车全部使用清洁能源或者新能源车辆，鼓励新增和更新出租车时采用清洁能源或者新能源车辆。加快老旧车船更新速度，提高清洁能源车船比例，推广应用燃料电池汽车。

（四）提升居民能源利用效率

我国居民生活碳排放量约占总排放量的40%，主要来源于两方面，一是生活中能源消耗造成的直接碳排放，二是生活中进行的购买服务和相关行为造成的间接排放。根据相关研究和实践，可通过低碳行为引导，促使居民降低生活能源消耗和碳排放，主要措施如下：加强低碳生活和消费方式的宣传，宣传节能理念、普及节能知识、提升全民节能意识，培养广大民众勤俭节约、绿色低碳的消费模式和生活习惯；推广先进适用节能技术和节能电器，宣传能效标识制度实施成效，开展绿色消费活动；鼓励民众绿色出行，鼓励更多个人采取包括低碳交通出行、更多依靠自然采光和间歇供热等低碳生活，逐步引导从面子消费、奢侈性消费转向节约型消费、理性消费、绿色低碳消费。组织创建低碳社区、低碳家庭，为居民低碳生活树立身边样板。

专栏3-4：居民能源效率

1. 新加坡计划减少家庭的碳排放量：（1）提高低碳节能意识。提高对节约能源的重要性和方法的认识，也是减少家庭用能的关键。政府将继续通过不同的平台，针对不同的受众开展不同的推广活动，以促进能源节约。其中"节能挑战"这项活动将鼓励家庭通过实践节能习惯来减少能源消耗。（2）推广智能电表。目前，安装在住户内的模拟电表每两个月手动读取一次，住户则按每月预估和实际使用的电量收费。未来5年内，更加先进的电表将安装在新加坡的所有家庭中。住户可以通过新加坡电力的移动应用程序访问和跟踪家庭半小时的用电量。这将使他们更好地了解自己的消费模式，并减少电量使用，以提高能源效率。

2. 武汉市发布《武汉市推动降碳及发展低碳产业工作方案》，在"充分营造全社会低碳新风尚"中提出：探索建立我市碳普惠机制。抓好全市碳普惠顶层设计，形成涵盖企业减碳、公民绿色生活、大型活动"碳中和"、森林固碳增绿、增汇等方面，覆盖千万级人群、可持续的"碳普惠"机制。试点推广以"武汉马拉松""武汉网球公开赛"等大型赛事和"国际汽车展"等知名展会为载体的大型活动"碳中和"行动，形成以政府引导、市场化运作、社会公众广泛参与的可持续自愿碳中和机制，形成我市"碳中和"名片。

3. 苏州市提出创建低碳社区，主要包括低碳意识提升、低碳行为培养软件设施和城镇生活基础设施完善硬件设施两个层面的内容。打造一批具有示范作用的标杆性绿色社区；进一步推广苏州市低碳社区试点示范；鼓励开展以"节能社区"和"节能家庭"为主题的评选活动；设立专项奖金，调动社区成员积极性，进行严格的考核、验收授牌、颁奖程序。

# 四、优化基础设施

市政基础设施的绿色建设是建设低碳城市的重要基础，也是全社会实现低碳经济走向可持续发展的必经之路。绿色基础设施建设主要包含绿色照明、节能设施建设、新型基础设施建设、交通基础设施建设等实施层面，国家也发布了《"十三五"城市绿色照明规划纲要》《国家节水型城市申报与考核办法》《国家节水型城市考核标准》《关于促进人工智能和实体经济深度融合的指导意见》等政策指导文件推进绿色基础设施建设。统筹提升资源、能源的集约高效循环利用能力，加强节能设备的智慧化、信息化发展，推进城市水环境治理，加强实现单位消耗的产出提升，是将生态城市建设融入城市发展之中，创建绿色、安全、和谐的宜居城市的重要保证。根据相关国家、省、市政策文件，综合推进的工作要点包括：

（一）加强绿色照明建设

一是推动责任落实，将城市照明事业纳入国民经济和社会发展规划，建立地方政府、行业管理部门城市照明管理目标责任制度。

二是在新（改、扩）建项目中全面应用高效光源，通过合同能源管理等手段，加快推进现有低效高耗照明设施节能改造。

三是积极推广单灯控制、分时分区控制等智慧照明控制技术，加快智慧灯杆应用。

四是适应智慧城市建设，建立城市照明数据中心。为城市照明业务系统运行的基础设施提供运营环境，为辅助数据应用的软件环境提供运行平台。同时，需建立健全一套完整的标准、制度、运维及监管体系，以保证数据信息系统高效、稳定、安全、不间断地运行。

五是加大经费投入，创新投融资模式，有效保障照明设施运行和维护监管。

六是明确设施使用寿命，建立长效维护机制，加强建设环节质量管控，提升设施高质量发展水平，确保安全运行。

七是优化材料采购，遵循"适用、经济、绿色、美观"的城市照明建设方向，推广使用绿色环保照明材料。

---

**专栏 3 – 5：国际绿色照明推进具体举措**

1. 韩国推进绿色照明措施：通过修订《建筑节能设施标准》来提高 LED 等高效照明设备的安装比率；积极推进大规模公共事业机构 LED 照明普及项目，增加补贴安装金额，提供补贴的范围从现有的地方政府以及少数机构，扩大到所有的公共事业机构。地铁以及公共交通、路灯、铁路照明等道路和交通设备的照明从 2012 年开始进行 LED 的更新换代；不断扩大 LED 标准以及认证产品的种类，光效率、色彩、寿命等方面比较优质的 LED 照明设备将成为消费者更乐于接受的 LED 产品。同时，加强 LED 产品的售后服务管理。

2. 美国推进绿色照明措施：立足国家战略，财政支持力度超过了核心技术研发、产品开发类课题，以周密、详细的计划和全面、有效的政策措施推动 LED 照明发展；建设专利标准体系，重点把研究成果转化为有效专利，以逐步形成美国 LED 产业的专利网；开展权威性的质量认证，不定期地从市场上随机抽检 LED 产品，与其标识进行对照，并将结果公之于众，以规范市场，提升产品质量。

---

（二）推进供气、供热工程绿色发展

一是因地制宜，提出符合地区发展的燃气、热力供应工程绿色评价指标。

二是逐步实现城市燃气、热力供应工程规划、设计、施工、运行等全生命周期的绿色建设、绿色技术应用和智慧管理。

三是加速绿色材料研发进度，加快可再生能源的互补应用，促进城市燃气供应网络互联互通，实现城市燃气供应高效利用。

（三）新型基础设施绿色发展

一是以新型基础设施的布局为载体，依托大量数据资源、高效算法、互联网设施等技术设备，催生以云计算、人工智能等为代表的新技术基础设施，以及以数据中心、智能计算中心为代表的算力基础设施等。

二是深度应用互联网、大数据、人工智能等技术，支撑传统基础设施转型升级，依托交通、能源、空间治理等领域的新型基础设施的逐步布局，推动新一代信息技术与城市建设、社会管理的深度融合，有效提升社会治理能力的数字化、网络化、智能化水平。

三是不断优化区域数据基础和信息环境，创新引领重大科技基础设施、产业技术创新等支撑科学研究、技术开发、产品研制的基础设施，有力支撑所在区域形成产业的新特色、新优势和新方向。

（四）节水型城市建设及供排水设施运行节能降耗

一是严格参照《国家节水型城市考核标准》，健全城市节水考核标准，监督城市节水数据的统计上报工作。

二是通过加强计划与定额管理，不断完善节水政策和标准体系，实施"智慧节水"，共建"智慧城市"，强化各领域节水措施，提高用水效率。

三是加大城市老旧供水管网改造力度，推进智慧化分区计量管理。

四是积极推进城镇污水处理厂尾水生态湿地建设，提高出水生态安全性。

五是推广供排水设施光伏利用、污水源热能回收利用等技术应用，推动设施信息化、智能化改造，优化调整和精准控制设施运行工况。

六是加大节水宣传，增强全社会节水意识，加强居民节水型器具、设备的推广力度。

# 五、废弃物分类处理及资源化利用

我国废弃物分类处理及资源化利用主要针对方面可分为综合固体废弃物、生活垃圾、危险废物等。废弃物量大面广，环境影响突出，利用前景广阔，是资源综合利用的核心领域。推进废弃物分类处理及资源化利用对提高资源利用效率、改善环境质量、促进经济社会发展全面绿色转型具有重要意义。在该基础上，针对不同方面出台了相关政策，以规定及具体实施措施，推进废弃物处理及其相关产业的产业化发展。

（一）大宗固体废弃物处理技术

《"十四五"大宗固体废弃物综合利用的指导意见》提出"到2025年，煤矸石、粉煤灰、尾矿（共伴生矿）、冶炼渣、工业副产石膏、建筑垃圾、农作物秸秆等大宗固废的综合利用能力显著提升，利用规模不断扩大，新增大宗固废综合利用率达到60%，存量大宗固废有序减少"的主要发展目标，根据相关国家、省、市政策文件，综合推进的工作要点包括：

一是推进产废行业绿色转型，实现源头减量。开展产废行业绿色设计，在生产过程充分考虑后续综合利用环节，切实从源头削减大宗固废。

二是大宗固废系统治理能力提升行动，加快完善大宗固废综合利用标准体系，推动上下游产业间标准衔接。

三是合理布局推动垃圾减量化、资源化，持续完善建筑垃圾、园林绿化废弃物等大分流处置，完善长效机制，构建分类投放、收集、运输、处理的全链条处置体系。

四是合理布局建设"交投点、中转站、分拣中心"三级回收体系，推进垃圾分类与再生资源回收"两网融合"。

五是整合规范废旧物资回收网点，规范回收行为，鼓励以城市为单位实施企业化运营管理，提升废旧物资回收网络化、智能化水平，实现城乡一体化发展。

（二）生活垃圾处理技术

《"十四五"城镇生活垃圾分类和处理设施发展规划》提出"到2025年底，直辖市、省会城市和计划单列市等46个重点城市生活垃圾分类和处理能力进一步提升；地级城市因地制宜基本建成生活垃圾分类和处理系统；京津冀及周边、长三角、粤港澳大湾区、长江经济带、黄河流域、生态文明试验区具备条件的县城基本建成生活垃圾分类和处理系统"的主要发展目标。根据相关国家、省、市政策文件，综合推进的工作要点包括：

一是稳步推进城市居民生活垃圾细分类，加强科学管理，根据总目标制定了可量化的多级评价指标。

二是通过完善政策措施、提升技术能力、布局垃圾处理设施，逐步完善全品类、全流程的垃圾分类体系。

三是注重宣传引导，通过多样的宣传方式进行广泛宣传发动，推动习惯养成，发挥源头减量作用，大力营造家家行动、全民分类的良好氛围。

四是加强与国土空间规划和生态环境保护、环境卫生设施、集中供热供暖等专项规划的衔接，统筹规划生活垃圾焚烧处理设施。推进焚烧处理能力建设，适度超前建设与生活垃圾清运量增长相适应的焚烧处理设施。

五是加强填埋场甲烷排放控制，减少无组织排放。鼓励采用协同处置工艺处理厨余垃圾，按照"厌氧消化＞好氧堆肥＞焚烧＞填埋"的梯次选择和优化处理模式，综合考虑垃圾组成、地区差异等因素，发挥多种技术耦合协同作用，将产生的沼气实现能源化利用，提高温室气体减排效益。

（三）危险废物

《强化危险废物监管和利用处置能力改革实施方案》提出"到 2022 年底，危险废物监管体制机制进一步完善，建立安全监管与环境监管联动机制；危险废物非法转移倾倒案件高发态势得到有效遏制。基本补齐医疗废物、危险废物收集处理设施方面短板，县级以上城市建成区医疗废物无害化处置率达到 99％以上，各省（自治区、直辖市）危险废物处置能力基本满足本行政区域内的处置需求"的主要发展目标。根据相关国家、省、市政策文件，综合推进的工作要点包括：

一是启动危险废物利用处置行业地方标准制定工作，倒逼行业迭代升级，推动建设一批"排放清洁、技术先进、外观美丽、管理规范"的危险废物利用处置项目。

二是建立危险废物跨省运输抽查机制，加强危险废物陆路、水路跨省运输的监管。

三是定期更新危险废物重点监管单位清单，全面启用"危废治理数字化应用平台"，要求涉危废企业上线注册，督促各企业及时填报产处信息，并根据实际需求不断完善系统功能模块。

## 六、加强生态碳汇力度

生态碳汇定义包含了通过植树造林、植被恢复等措施吸收大气中二氧化碳的过程，以及加强生态修复，增强草原、绿地、湖泊、湿地等自然生态系统固碳能力。实施目的是通过植树造林、植被恢复等措施，吸收大气中的二氧化碳，从而减少温室气体在大气中浓度的过程、活动或机制。国家发改委和自然资源部发布的《全国重要生态系统保护和修复重大工程总体规划（2021—2035 年）》（以下简称《规划》）是生态保护和重大修复工程的指导性规划，也是编制和实施有关重大工程建设规划的主要依据。深入落实《规划》内容，完善重大工程投入机制，加强生态保护修复，增强城市绿地、湖泊、湿地等自然生态系统固碳能力，实现生态系统固碳效能的最大化。2015 年，中国绿色碳汇基金会发布全国首个《碳汇城市指标体系》（以下简称《体系》），以定量指标为主、定量与定性指标相结合为原则，确定了管理考核指标和量化考核指标。该《体系》不仅强调森林植被恢复、保护和科学经营，增加碳汇，减少碳排放，还考虑诸多生态文明建设内容，为下一步碳汇城市建立提供发展思路。根据相关国家、省、市政策文件，综合推进的工作要点包括：

一是建立合理的生态城市建设目标体系，合理协调自然、社会、经济等方面要求，实现对生态城市调控和管理的高效运作。

二是加强城市园林绿化建设，强化维护生态平衡、营造优美环境、节能固碳增汇等功能，注重绿地开放空间的系统性、完整性和生态性。

三是保护和修复山水等生态资源，合理布局结构性绿地，织补拓展中小型绿地，建设生态廊道，推进水、路、绿网有机融合。

四是加强城市生物多样性保护，广植乡土适生树种，推进复层绿化和自然群落式种植，推动垂直绿化，鼓励开展屋顶绿化，提高城市空间三维绿量，持续提升生态效益和碳汇总量。

# 七、发展绿色科技技术

绿色科技创新是实现"双碳"目标的关键。发挥我国能源电力领域的优势，形成技术集成、系统综合、包容性强的关键技术体系，在清洁发电技术、电能替代技术、储能及氢能技术、碳捕集封存与利用技术方面开展研发攻关和推广应用，综合运用关键技术组合，挖掘更大减排潜力。未来重点是要在能源开发、转化、配置、使用等领域突破一批共性关键技术，转化积累一批先进使用技术标准和核心技术知识产权，为实现"双碳"目标提供有力支持。

## （一）清洁发电技术

光伏发电研发重点：提高光伏电池转换效率。实现 N 型晶硅电池等新型电池设计、制备技术的突破，提高光伏组件转换效率，优化大型并网光伏电站设计集成，提高发电系统对极端环境的适应性。

光热发电研发重点：提高光热电站的运行温度和转化效率。改进集热场的反射镜和跟踪方式，重点研发新型硅油、液态金属等新型传热介质及新型发电技术。光热电站建设向规模化、集群化方向发展，在太阳能资源较好的地区实现光伏、光热协同开发。

---

**专栏 3-6：新加坡推进光伏技术应用**

新加坡的目标是到 2030 年部署至少 2 GWp 装机容量的光伏发电，这将满足目前年电力需求的 4% 和当前峰值日电力需求的 10% 的现状，这也相当于新加坡约 35 万户家庭每年的用电需求。为了实现该目标，新加坡推动在公共建筑屋顶以外的地方部署太阳能，包括与私营开发商和业界人士合作的私营建筑。同时，还将探索在垂直和水平表面上创新部署光伏发电项目的可能性。为了克服土地限制，新加坡还将持续探索在水库和近海空间部署浮动太阳能模块。

---

（二）热泵技术

热泵技术研发重点：突破变频、多级、变容积比压缩机优化设计和制造技术，提升热泵低温环境下的能效和稳定性，提高热泵在高寒地区的适用性。

（三）先进输电技术

特高压直流研发重点：特高压直流输电的电压等级、输送容量、可靠性和适应性水平将不断提高，成本进一步降低。研究适应极端天气下的直流输电成套设备，满足清洁能源远距离、大规模输送的需求；重点研发特高压混合型直流、储能型直流等新型输电技术。

（四）储能及氢能技术

电化学储能研发重点：提高电池的安全性和循环次数、降低成本是电化学储能的发展重点。研究更高化学稳定性的正负极材料，建立新型锂离子电池体系，研发成本更低的电池系统，拓宽电池材料的选择范围。

氢储能研发重点：提高转化效率和储氢密度，并降低成本，是氢储能的发展重点。改善电极、隔膜材料，优化电解槽的设计和制造工艺，降低高压气态和低碳液态储氢设备成本，研究氢能燃料电池等新型氢能技术载体。

### （五）碳捕集、封存与利用技术

探索推进碳捕集与封存技术的研发和应用。积极研发和推广化石燃料碳捕集利用与封存、生物质碳捕集与封存、直接空气捕集等技术。通过技术革新，使碳捕集装置能有效地分离和收集二氧化碳，由化石燃料发电排放的二氧化碳能够更完全地被捕捉和利用。碳捕集、封存与利用技术研发重点：突破以燃烧前、增压等燃料源头捕集技术为代表的第二代低能耗捕集技术，建立健全二氧化碳捕集后管道输送的技术标准与安全控制体系。与电制燃料、原材料技术相结合，开展电制甲烷、甲醇的示范应用，实现碳循环利用。

### （六）含氟气体控制技术

鼓励企业采取燃烧销毁等方法，降低工业生产过程产生的含氟气体排放；减少设备含氟温室气体的泄漏，积极开展废弃设备内的含氟温室气体回收；鼓励使用替代品和替代技术，减少含氟气体的使用。

## 八、推动绿色金融模式创新

绿色金融是中国"双碳"目标政策框架里面的一个重要的组成部分，协同产业政策、消费政策、税收政策、碳市场的交易，绿色金融在推动实现"双碳"目标当中具有重要作用。绿色金融以绿色债券、绿色信贷等金融手段为工具，通过调整资本配置、调动利益相关方参与，发展引导资金流向资源技术开发和生态保护产业，促进节能减排和生态资源协调发展。根据相关国家、省、市政策文件，综合推进的工作要点包括：

### （一）完善金融政策体系

在投资评价考核中，加大绿色金融评价指标权重，以市场化方式推进绿色产业和绿色金融的深度融合，增加对绿色投融资活动的资金支持。

（二）创新多样绿色金融服务产品

鼓励创新绿色金融工具，开发绿色信贷、绿色债券（碳中和债）、绿色基金、碳金融等多种绿色金融工具，完善绿色信贷评价机制，积极创新绿色担保方式，建立中小企业绿色信贷风险补偿机制，为绿色企业提供多渠道的融资方式，为绿色金融业务提供强大的发展动力。

（三）构建多维度基础设施体系

建立金融机构环境信息披露制度，加大金融投资项目的过程监管，提高环境和气候风险的分析和管理能力。

（四）探索碳排放权交易体系建设

积极参与国家碳排放权市场交易活动。稳步推进碳汇交易中心、碳中和试点建设及示范性交易，加快实现碳排放权市场化交易。积极探索碳期货、碳期权、碳基金、碳债券、碳指数、碳保险等交易品种，逐步满足不同类型绿色企业和项目的资金需求。

（五）加快建立绿色信用体系

建立绿色金融信息共享制度，完善环保执法、安全生产、能源管理等部门与金融机构的联动协作机制，由行业主管部门将企业污染排放、环境违规、安全生产等信息，依法依规报信用信息共享平台，建立覆盖面广、共享度高、时效性强的绿色信用体系。

（六）加大绿色金融对外交流合作

提高与国际标准的接轨程度，系统推进对"一带一路"国家的绿色投资，积极开展生态、环保、能源等领域合作，推进绿色金融市场双向开放。

**专栏 3－7：各国绿色金融模式创新**

1. 新加坡在 2017 年启动了"绿色债券赠款计划",以降低发行绿色债券的成本,并促进采用国际上接受的可持续性标准。该计划在 2019 年扩展到包括社会和可持续性债券后,更名为"可持续债券赠款计划"。到目前为止,新加坡已经发行了超过 65 亿新元的绿色债券。

2. 美国绿色金融体系构建过程:(1) 1980 年《超级基金法》是美国绿色金融制度早期构建的一个起点。《超级基金法》明确规定贷款银行要负担贷款企业所拥有的污染土地的净化费用。(2)《清洁空气法》的出台限定二氧化碳排放总量,建立了可交易的二氧化碳排放许可证机制。《清洁空气法案正案》中,对排污权交易制度做出了规定,针对有害气体实施总量控制和配额交易。(3) 为推进绿色金融法律和政策的执行,美国建立了专门的绿色金融组织体制。设立了全国性的环境金融中心、环境顾问委员会以及环境金融中心网络,以支持对绿色金融的推进与管理。(4) 美国在绿色金融制度体系的保障下,推动了绿色金融在环境保护中发挥巨大作用。设立了多项绿色基金;根据环保项目特点,创新了提前偿还债券、预期票据、收益债券、特殊税收债券等绿色债券;在绿色信贷方面,创新了各类绿色项目贷款产品、绿色消费金融产品等,并推出了各种针对绿色项目优化信贷与降低成本的方法。各类绿色金融市场工具与产品的开发,为美国绿色项目降低融资成本、提升项目融资的可获得性,发挥了巨大作用。

# 第四节　推动苏州工业园区碳达峰碳中和改革路径

## 一、推动产业结构优化升级

促进战略新兴产业发展。充分发挥苏州工业园区现有的绿色产业相关扶持资金的引导、扶持、激励作用，加快推动信息技术、高端装备制造、生物医药、纳米技术应用、人工智能五大相互融合的高端产业发展；依托园区高端制造与国际贸易区较高的投资贸易便利水平，打造服务覆盖国内外的高端制造业；通过对新建立落户园区的达到一定投资规模的绿色产业项目给予总投资额一定比例的奖励或补贴，不断吸引绿色产业龙头企业或重点项目落地园区，引进一批对园区绿色产业链有增补提升作用的重点企业，形成较为完整的绿色产业链条。到"十四五"末期，实现园区新增绿色产业内领军项目超 90 个，园区绿色产业总产值突破 100 亿元。

加快制造业企业绿色低碳转型。持续优化工业园区产业低碳发展目录，加强园区内造纸和纸制品，电力、热力生产和供应，非金属矿物制品，化学原料和化学制品制造，橡胶和塑料制品等高碳产业的管控，采取强化高碳产业碳排放目标考核、加强节能减碳工作指导服务、强化产能与碳减排目标挂钩监管等措施，推动相关高碳产业有序退出或改造升级；充分发挥 AI 智能控制技术、"互联网＋"等信息技术优势，推进传统制造业的绿色低碳升级改造，降低能源消耗。在"十四五"时期，全面完成造纸和纸制品行业低效企业退出工作，有序落实计算机、通信和其他电子设备制造业，汽车制造业、通用设备制造业等行业的产业升级改造工作。

推动服务业高端化升级发展。聚焦发展人工智能、智能硬件、集成电路、生物医药、纳米技术应用、高端装备制造等技术领域,加快布局科创产业,完善科技服务体系,推动科技服务业在节能减碳中的科技引领作用;大力创新服务业发展新业态,延伸高端产业链条,大力培育和发展金融市场,依托园区已培育设立的与绿色产业密切相关的社会创新创业服务组织和创新创业服务平台,进一步引导和培育绿色行业众创空间的发展,积极培育各类创新创业主体,不断挖掘绿色产业中的创新创业潜能,更高效地实现绿色产业创新创业资源地集聚;大力发展高端生产性、优质生活性现代服务业,建立健全有利于服务业加快发展的体制机制,做好服务业基础设施建设,借助独墅湖科教创新区和金鸡湖商务区集聚研发创新资源优势和高端服务资源的优势,重点规划引导高端绿色服务产业的集聚发展。"十四五"期间,围绕节能改造、清洁能源设施建设和运营、能源系统高效运行、能源管理平台建设与运营,以及电动汽车充电基础设施建设与运营等重点扶持领域,打造一批特色优势产业集群,到 2025 年末,新建1—2 个绿色产业技术孵化平台,引进 2—3 个科研院所绿色产学研基地(如国家重点实验室、国家级工程中心、国家级企业技术中心等),行业内高新技术企业数量超 100 家,申报和授权发明专利超 1000 项。

推进绿色低碳产业合作。建立可再生能源融合协同创新平台,积极引进清洁能源企业落地,发挥绿色产业聚集示范效应,打造国家清洁能源发展示范基地。推动区域性绿色低碳产业合作,与可再生能源资源禀赋优势突出的地区建立新型绿色能源网络,着力建设绿色低碳发展示范区,为苏州市乃至江苏省绿色低碳发展积蓄新动能。

不同行业产业结构优化升级发展对策见表 3 - 1。

表 3 - 1　　　　　　　　　不同行业产业结构优化升级发展对策

| 序号 | 分类 | 行业类别 | 产业发展对策 |
|---|---|---|---|
| 1 | 高碳工业产业 | 1. 电力、热力生产和供应业<br>2. 造纸和纸制品业<br>3. 水生产和供应业<br>4. 非金属矿物制品业（玻璃纤维及制品制造、隔热和隔音材料制造、技术玻璃制品制造除外）<br>5. 废弃资源综合利用业<br>6. 化学纤维制造业（锦纶纤维制造除外）<br>7. 酒、饮料及精制茶制造业（啤酒制造除外）<br>8. 纺织业（非织造布制造、化纤织造加工除外）<br>9. 农副食品加工业<br>10. 有色金属冶炼和压延加工业（锡冶炼、有色金属合金制造、铝压延加工除外）<br>11. 化学原料和化学制品制造业（有机化学原料制造、专项化学用品制造、化学试剂和助剂制造、工业颜料制造、化学农药制造除外）<br>12. 橡胶和塑料制品业（橡胶零件制造、日用塑料制品制造，塑料板、管、型材制造除外） | 1. 有序淘汰退出：造纸和纸制品业<br>2. 严格控制产能规模：严格控制非城市基础性行业的产能规模，严格管控其产能规模扩大<br>3. 强化新建和扩建管理：对于该行业领域的新建、扩建项目，严格能评、碳评的审批，不符合园区低碳绿色发展要求的项目，严禁审批建设<br>4. 深化节能减碳目标管理考核：加强该领域企业节能减碳目标分解与落实，每年全范围开展目标落实考核管理、现场节能减碳监察等工作，以高压的方式促进该行业领域内企业积极开展节能减碳工作（重点为非金属矿物制品，化学原料和化学制品制造，橡胶和塑料制品，纺织，电力、热力生产和供应业等企业）<br>5. 强化节能减碳改造升级：采取开展能源审计、清洁生产审核、碳减排诊断等服务，推动电力、热力生产和供应业，水的生产和供应业，废弃资源综合利用业等城市基础设施高碳行业开展节能减碳改造，提升企业能效水平，降低碳排放 |

续表

| 序号 | 分类 | 行业类别 | 产业发展对策 |
|---|---|---|---|
| 2 | 传统工业产业 | 1. 黑色金属冶炼和压延加工业<br>2. 铁路、船舶、航空航天和其他运输设备制造业（摩托车零部件及配件制造应为高碳管控工业）<br>3. 食品制造业（其他调味品、发酵制品制造，糖果、巧克力制造，液体乳制造，应为高碳管控工业）<br>4. 皮革、毛皮、羽毛及其制品和制鞋业（皮手套及皮装饰制品制造应为高碳管控工业）<br>5. 家具制造业（其他家具制造应为高碳管控工业）<br>6. 印刷和记录媒介复制业<br>7. 纺织服装、服饰业<br>8. 金属制品业（切削工具制造、锻件及粉末冶金制品制造应为高碳管控工业） | 1. 深化节能减碳目标管理考核：加强该领域企业节能减碳目标分解与落实，每年开展企业节能减碳目标考核，抽样开展现场监察工作，引导推动企业开展节能减碳改造和考核工作<br>2. 强化新建和扩建管理：对于该行业领域的新建、扩建项目，严格能评、碳评的审批，不符合园区低碳绿色发展要求的项目，严禁审批建设<br>3. 深化节能减碳目标管理考核：加强该领域行业的节能减碳目标分解与落实，加强年度考核管理，推动传统产业的有序升级改造<br>4. 引导节能减碳改造升级：采取开展能源审计、清洁生产审核、碳减排诊断等服务，强化行业能耗定额标准管理等，引导该行业企业开展节能减碳改造升级工作 |
| 3 | 低碳工业产业 | 1. 计算机、通信和其他电子设备制造业（其他智能消费设备制造、应用电视设备及其他广播电视设备制造、通信终端设备制造应为高碳管控工业）<br>2. 医药制造业<br>3. 专用设备制造业（模具制造，电子元器件与机电组件设备制造，橡胶加工专用设备制造，机械治疗及病房护理设备制造，医疗诊断、监护及治疗设备制造，印刷专用设备制造，建筑材料生产专用机械制造应为高碳管控工业）<br>4. 汽车制造业 | 1. 大力扶持发展：采用有效的产业扶持政策，扶持该领域行业发展壮大<br>2. 正常化开展节能减碳目标管理：正常化开展节能减碳目标分解与落实、目标考核等工作，简化相关工作要求<br>3. 鼓励创新发展：抽样开展能源审计、清洁生产审核、碳减排诊断等服务，鼓励该行业企业开展节能减碳创新发展 |

续表

| 序号 | 分类 | 行业类别 | 产业发展对策 |
|---|---|---|---|
| 3 | 低碳工业产业 | 5. 通用设备制造业（轻小型起重设备制造、滑动轴承制造、金属密封件制造、紧固件制造、包装专用设备制造、滚动轴承制造应为高碳管控工业）<br>6. 电气机械和器材制造业（电光源制造、电气信号设备装置制造、绝缘制品制造应为高碳管控工业）<br>7. 其他制造业<br>8. 仪器仪表制造业（供应用仪器仪表制造应为高碳管控工业）<br>9. 燃气生产和供应业<br>10. 文教、工美、体育和娱乐用品制造业（地毯、挂毯制造应为高碳管控工业） |  |

# 二、支持重点领域绿色低碳技术发展

加强园区工业绿色低碳管控。扶持绿色低碳产业，严格工业企业能源、碳排放总量及强度"双控"管理要求，加快不符合园区绿色低碳发展工业企业退出。完善强化工业能效碳效对标机制，加强新建工业项目的能评碳评管理。在园区节能减碳目标责任制基础上，建立园区碳排放和能效对标机制，发布重点行业和主要产品年度平均排放强度，引导平均线以下的企业对标排放。持续推进清洁生产、能源审计、碳盘查、绿色制造体系建设等工作，系统提升工业企业节能减碳能力建设。"十四五"期间，全面落实重点工业企业能耗及碳排放目标分解考核机制，开展年度节能减碳目标考核监察工作，出台园区工业行业重点领域能效碳效标杆及基准水平指标，完成200家企业的能源审计或碳减排诊断工作。

推进工业能效提升。推进园区工业企业节能减碳改造工程实施，引导企业开展电机能效提升工程、余热余能利用改造工程、绿色工厂、智慧工厂建设工程等，推动工业企业提升能效碳效。鼓励企业开展节能减碳先进技术的试点示范，强化节能减碳先进技术、先进设备、先进管理模式等在园区工业领域中的推广应用，促进工业企业节能减碳技术提升。到2035年，园区内在役高效节能电机占比达到30%以上，推广应用一批关键核心材料、部件和工艺技术装备，形成一批骨干优势制造企业。

深入推进建筑低碳发展。园区新建建筑全面执行绿色建筑标准，并逐步建立实施绿色建筑验收体系；鼓励建设装配式建筑，逐步提高新建建筑中绿色建材应用比例；推进超低能耗建筑、近零建筑发展，探索创建零碳建筑；持续推动可再生能源建筑一体化，提高太阳能、生物质能、工业余热等应用比例；继续推进既有建筑节能低碳改造，提高存量建筑运行能效和电气化水平；全面深入推进公共建筑节能低碳改造，强化完善基础计量统计体系，稳步提升公共机构和大型公共建筑分项计量系统数据质量，打通公共建筑节能系统改造瓶颈，充分发挥政府引导和市场主导机制，全面提升公共建筑能效水平；持续发挥公共机构节能低碳引领示范作用，加快推进公共机构既有建筑围护结构、供热、制冷、照明等重点用能系统节能低碳改造，鼓励政府购买合同能源管理服务；全面开展节约型机关创建工作。

全面建设绿色交通体系。继续推动交通用能终端新能源化发展，推动电动汽车及充换电基础设施网络发展，健全氢能产业链，完善加氢基础设施建设，逐步推进氢燃料电池汽车推广应用；强化智慧交通运输技术在绿色交通体系中应用，加强新技术、新材料、新工艺、新设备及交通节能减排示范工程推广。

引导绿色供应链推广应用。开展绿色供应链认证研究，提高绿色供应链标准化水平。建立绿色供应链管理认证评价体系，加快制定绿色供应链管理评价标准，从供应链上的"双高"环节入手，加强绿色采购管理，协同绿色供应商带动上下游企业改进生产工艺、优化资源能源使用。借鉴国际碳足迹认证标准，建立碳标签制度，制定重点产品全生命周期碳足迹标准。

## 三、构建现代化能源体系

建立多元化清洁能源供应体系。继续全面深入建设园区清洁能源供应体系，加大光伏、光热开发应用，有序推广沼气、生物质能利用，探索氢能开发利用；合理布局清洁能源开发模式，科学推进清洁能源集中开发和分布开发，持续提高园区非化石能源利用；加强储能技术及能源互联网等推广应用，提升可再生能源消纳水平。

保障能源供给安全。建立能源储备体系，优化能源储备设施布局，完善煤电油气供应保障协调机制。推进可再生能源基础设施建设，加大可再生能源设备科技创新力度，加快能源产业数字化和智能化升级，提升适应气候变化能力和抗风险能力。提升电力应急安全保障能力，积极建设电力调峰设施，提高核心区域和重要用户的相关线路、变电站建设标准，保障电网安全运行。

## 四、深化产能、用能体制改革

完善绿色低碳技术创新体系。深化绿色低碳技术体制机制创新，增强低碳科技自主研发能力。支持重点企业整合高校、科研院所、行业协会等机构建立绿色技术创新联合体，加强学科交叉融合，聚焦碳达峰先进技术进展，提供有力科学技术支撑。大力开展技术攻关合作，充分利用园区节能服务公司市场规模优势，探索专利技术商品化的新经济模式。

加强低碳科技创新研发。推进分布式绿电高效制备技术、新型电力储能技术等零碳电力技术升级。推动氢能"制—储—输—用"全链条技术、生物质高附加值再造技术等零碳非电全链条技术创新研发。重点突破可再生能源、储能、新材料等领域关键技术，加强集成建筑低碳技术、低碳智慧交通技术和绿色产业转型技术创新和支撑，促进能源消费端低碳发展。

# 五、推动资源循环综合利用

推进生活垃圾分类。完善垃圾处理监督管理体系，建立健全配套管理制度并加强规章制度有效落实。构建垃圾分类新机制，引入市场竞争机制，鼓励政企合作，采用特许经营等多种运营模式，提升垃圾分类的整体水平。建立新型垃圾投放模式，推行智能垃圾分类投放箱、流动垃圾处理定点收集车等。提高全民垃圾分类的意识和公众参与，不断加强宣传力度，充分利用报纸、电视、网络媒介进行广泛宣传，结合垃圾分类收集措施，加强公民环境教育和技术培训，提高市民的道德水准及环保意识。

推动大宗固废综合利用和绿色发展。推进产废行业绿色转型，提升固废综合利用环节的绿色设计能力，实施源头减量。在工程建设领域推行绿色施工，开展建筑垃圾分类管理，提升大宗固废资源化利用水平。推行大宗固废绿色运输，严格落实运输全过程环境污染防治责任。推动大宗固废多产业、多品种协同利用。推进大宗固废综合利用过程风险控制的关键技术研发。创新废弃物管理模式，利用"互联网＋"的信息化手段，建立园区废弃物管理系统，提升废弃物信息化管理水平。加快完善大宗固废综合利用标准体系，鼓励企业开展工业固废资源综合利用评价标准制定。

强化危险废物的处理和监管能力。建立健全危险废物收集体系，开展危险废物集中收集及处置试点建设，推行危险废物专业化、规模化、资源化利用。完善危险废物监管重点企业清单，纳入园区废弃物管理系统统一管理。完善危险废物项目预审机制，新建、扩建项目严格执行国家标准，严控市场准入机制。严格落实监督责任，加大涉危险废物重点建设项目技术校核抽查比例，对不符合要求的项目要求整改。对构成违法行为的，依法严格处罚到位。

## 六、推进公共民生服务低碳发展

组织开展各类环保实践活动，全面推行绿色低碳的消费模式和生活方式。坚决制止餐饮浪费行为，厉行勤俭节约，开展"光盘行动"，建立健全反食品浪费工作机制，组织对食品浪费情况进行监测、调查、分析和评估。进一步加强塑料污染治理行动，实施更加严格的塑料制品禁限，推广应用替代产品，在商场、超市等场所推广使用环保纸袋、布袋等非塑料产品和可降解塑料购物袋。加强对居民采购绿色产品的引导，结合消费互联网及大数据平台，采取补贴、积分奖励等方式促进绿色消费。通过实施居民生活阶梯电价、阶梯气价、阶梯水价标准，推动居民节约能源、资源消耗，引导居民形成节能低碳生活方式。

全面开展绿色出行行动。完善公共交通管理体制机制，加快推进轨道交通基础设施建设，着力发展智慧交通，提升城市公共交通供给能力。积极鼓励公众使用绿色出行方式，进一步提升公共交通绿色低碳出行方式比重。加强绿色出行基础设施建设，推进自行车专用道和行人步道等城市慢行系统建设，改善自行车、步行出行条件，引导居民采用"步行＋公共交通""自行车＋公共交通"的出行方式。推进汽车"共享经济"发展，鼓励汽车租赁业网络化、规模化发展，依托火车站、客车站等客运枢纽发展"落地租车"服务，促进分时租赁创新发展。

开展低碳生活社会宣传。充分利用报刊、网络、电视等渠道宣传普及低碳生活理念和低碳生活方式，编制发放节能低碳宣传手册，定期组织开展"节能低碳宣传""低碳日"等活动，营造低碳生活浓厚氛围，提升全社会节能意识和节能能力，推动形成绿色低碳生产生活方式。

引导强化企业信息披露。加强引导、培养企业社会责任履行意识。国有企业、上市公司、纳入碳排放权交易市场的企业要率先开展制定碳达峰行动方案，发挥引领示范作用。加快建立强制与自愿相结合的企业碳披露制度，鼓励企业定期披露碳排放信息。提高企业碳排放和碳资产管理意识。

# 七、深化体制机制改革

深化体制机制改革是推进碳达峰碳中和的重要途径，苏州工业园区在体制机制改革方面可从以下 10 个方面切入：构建碳排放"双控"机制、改革低碳统计与核算制度、完善"双碳"目标责任考核制度、优化基础数据核算核查制度、实行低碳发展扶持与限制制度、创新发展绿色金融机制、建立健全碳普惠机制、健全节能低碳培训长效机制、完善人才队伍建设体制机制、建立健全绿色低碳创新体制机制，具体如下：

## （一）构建碳排放"双控"机制

能耗"双控"是为了节约能源，控制碳排放和污染排放，而碳排放"双控"是推动能源转型，实现新能源安全可靠替代的重要举措，突出了碳排放在能源革命过程中的总领性，有利于更准确地识别碳排放的来源和强度。

根据园区发展实际，实施构建碳排放"双控"机制，发挥市场机制作用，加快形成减污降碳的激励约束机制，引导园区内企业主动优化用能结构实现低碳转型，在控制园区化石能源消费的同时，鼓励可再生能源发展，同步实现能源结构调整和绿色转型发展。

## （二）改革低碳统计与核算制度

低碳发展目标确定、工作落实和绩效考核，建立在能够对园区温室气体排放实现统计、监测与核查之上，这是开展城市低碳发展建设工作的重要前提，因此园区应该建设温室气体排放的统计与核算管理制度。

针对温室气体排放的统计与核算体系，可在现有统计制度基础上，将温室气体排放基础统计指标纳入统计指标体系中，将温室气体排放核算相关数据统计分解落实到园区各行业主管部门，明确各行业主管部门上报数据类型、统计口径、统计方法、统计周期、上报流程、责任人等内容，确保温室气体排放相关数据真实可靠。此外，还需要建立和完善重点排放单位的温室气体排放基础统计报表制度，加快构建城市、下属辖区及重点企业的温室气体排放统计与核算体系，并加强相关机构和企业的统计能力建设。

依据园区现有机构设置情况及其职责，建议由经济发展委员会牵头负责完成园区温室气体排放数据统计核算管理办法制定工作，建立园区温室气体统计核算体系，为园区低碳发展提供量化数据，为后续目标考核管理等提供重要基础。

（三）完善"双碳"目标责任考核制度

温室气体排放目标责任考核是有效推进"双碳"目标完成的重要抓手，因此园区应针对温室气体排放目标责任考核评价工作制定相应的制度。对于城市温室气体排放目标责任评价考核制度，要对每个五年规划所确定的二氧化碳总量控制目标、单位生产总值/单位产品二氧化碳排放下降目标进行科学分解，确定城市各个街道、行业、重点单位的目标，并由园区经济发展委员会与各责任单位签订目标责任书，明确目标、落实责任，层层分解落实考核目标。

温室气体排放目标考评管理制度分为行业考评管理制度和重点排放单位考评管理制度，制度内容应包括：温室气体排放目标考核管理职责部门、目标考核指标体系、考核方法、考核管理工作流程、考核结果应用等内容。同时，针对重点排放单位既有设施和新增设施采取不同的考核管理方法，实现温室气体排放目标管理制度与地区经济建设发展相协调。

（四）优化基础数据核查核算制度

在完善温室气体排放相关数据统计与核算制度的基础上，定期组织对温室气体排放数据统计核算。

园区层面方面，定期组织编制园区温室气体排放清单，梳理能源活动、工业生产过程、废弃物处理、林业等环节温室气体排放现状，掌握重点温室气体排放源，分析温室气体排放主要影响因素和变化原因，为精准降碳指明方向。同时，针对重点排放单位定期开展温室气体排放核算，建立温室气体排放数据信息系统，为节能降碳目标责任考评提供数据支撑。

企业层面方面，针对园区内重点排放单位每年开展二氧化碳排放核查（或盘查）工作，摸清园区内重点排放单位二氧化碳排放情况，分析园区内重点排放单位的二氧化碳排放结构、二氧化碳排放变化趋势、二氧化碳排放影响因素等，明确园区未来节能减碳重点行业企业、节能减碳工作方向和工作任务。

（五）实行低碳发展扶持与限制制度

为更好地引导园区经济建设向低碳化方向发展，应在制定温室气体排放统计核算与考核评价制度的基础上，配套出台低碳发展扶持政策。目前，园区已制定了《苏州工业园区节能循环低碳发展专项引导资金管理办法》，用于鼓励和扶持工业企业开展节能低碳循环升级改造。但是，在限制高碳产业发展方面尚未制定相关制度和政策。为限制高碳产业的发展，可从新建项目限值准入和既有项目管理控制方面分别制定限制制度。新建项目限值准入方面应建立高碳产业准入负面清单管理制度，严禁高污染、高耗能、高耗水项目的建设。既有项目管理控制方面各行业主管部门负责编制高碳企业目录，依据所属行业特点及各自行业发展方向提出针对性的管理制度。

此外，系统结合国家、江苏省、苏州市等要求，协同推动节能低碳标准更新升级，强化园区重点行业、企业、产品能耗限额管控和低碳产品标准标识制度。同时，充分发挥企业能动性，引导企业加大资金投入与技术研发，鼓励先进企业制定企标、团标。

（六）创新发展绿色金融机制

借鉴其他地区绿色金融方面的试验和创新，制定大力发展绿色金融的相关指导意见，明确园区绿色金融的发展思路和主要目标，构建具有园区特色的绿色金融政策体系、组织体系、标准体系及产业体系。在风险可控的基础上，在园区开展绿色金融试点，支持金融机构积极开发与碳排放权、绿色权益、气候权益相关的金融产品和服务，有序探索运营碳期货等衍生产品和业务。同时，探索设立以碳减排量为项目效益量的市场化碳金融投资基金、债券等，对园区内企业机构进行的绿色低碳改造给予资金支持和效益分享，通过金融手段引导支持绿色低碳技术在应用层面落地。制定绿色金融发展规划，探索搭建绿色金融融资服务平台，拓展企业融资渠道，鼓励金融机构完善绿色低碳改造贷款利率定价机制，鼓励金融机构ESG责任投资，引导金融机构加大对企业绿色信贷的支持力度，引导各类基金为园区引进先进节能环保低碳技术提供金融支持，鼓励和支持园区绿色低碳转型升级。搭建绿色金融对接平台，加强企业、金融机构与政府主管部门的日常沟通，鼓励金融机构提供全程化、综合性的绿色金融服务链，为企业绿色低碳转型升级过程提供专业的咨询服务。

（七）建立健全碳普惠机制

建立完善的低碳消费政策框架，逐渐形成政府引导、市场主导、公众参与的良好格局。开展碳普惠方法学申报机制及碳积分核算标准研究，积极探索制定量化核算办法和碳积分兑换标准，实行小微企业、社区家庭和个人绿色出行、环保志愿活动、节能项目应用等低碳行为的碳积分奖励机制，实现减碳行为的可量化、可兑换、可交易。建立园区碳普惠交易平台，整合低碳知识宣传咨询、碳积分核证发放、碳积分兑换及交易等功能。探索将碳积分权益与互联网结合，推进互联网碳金融发展。

（八）健全节能低碳培训长效机制

多途径、多形式加强节能低碳相关知识宣传培训，如利用"世界环境日""全国节能宣传周"和"全国低碳日"等活动时机开展节能低碳宣传活动，提升公众绿色低碳、清洁高效用能意识。宣传推广园区节能减排优秀典型案例，营造绿色低碳社会氛围，引导践行绿色低碳生产生活方式。

开展节约型机关、绿色工厂、绿色学校、绿色社区、绿色商场、绿色建筑等创建行动。

### 1. 对政府主管部门

邀请节能低碳领域专家开展政策和技术培训，提升园区各部门、各单位对国家和省、市节能低碳政策的理解与执行，提升节能减碳工作负责人员的专业能力。

### 2. 对工业企业

将园区内工业企业按照行业类别分类，然后按照行业类别制定宣传培训计划和内容。依据培训对象所属行业分别邀请节能减碳领域专家、节能减碳主管部门和行业专家进行系统培训，分别从国家和省、市节能减碳政策要求、节能减碳激励机制、行业节能减碳技术应用等方面进行培训，提升工业企业节能低碳部门人员专业素养，并为企业后续节能减碳新技术应用提供思路和方向。

### 3. 对公共机构

邀请能源资源节约和生态环境保护领域专家开展政策和技术培训，定期组织安排节能低碳业务知识培训会，宣贯节能政策法规，解读相关技术标准，提升公共机构能源资源节约和生态环境保护相关管理和技术人员的专业能力。

### 4. 对居民生活

联合街道、社区等基层组织共同开展居民生活节能低碳知识宣传，提升居民节能意识和碳减排积极性。通过开展"绿色社区""绿色家庭"评选活动，推动居民积极参与"碳达峰碳中和"和生态文明建设。提倡采用公共交通、骑行、步行等绿色出行方式，引导居民形成节能低碳生活方式，营造绿色低碳生活新时尚氛围。

### （九）完善人才队伍建设体制机制

以提升低碳发展建设能力为导向，以支撑人才队伍、管理人才队伍建设为重点，着力完善低碳人才培养机制、扶持机制和激励机制。引导科研院所、专业机构共同参与，加快节能低碳和应对气候变化专业人才培养引进，搭建节能低碳领域专家和服务机构库，采用政府购买服务方式，加快节能低碳服务机构发展，促进园区低碳人才队伍的培养和建设。

（十）建立健全绿色低碳创新体制机制

建立健全绿色低碳创新体制机制，从科技创新、人才创新、市场机制创新、激励体制体系等方面入手，系统建立绿色低碳创新机制。贯彻落实习近平总书记关于科技创新的重要论述，实施创新驱动发展，加大绿色低碳领域关键核心技术研发攻关力度，强化人才创新培育机制和激励体制体系建立，大力发展节能服务产业，积极推广节能咨询、诊断、设计、融资、改造、托管等合同能源管理模式，推进重点行业和重要领域绿色低碳化改造，为加快实现高质量发展、实现碳达峰碳中和提供坚实支撑。

**附录：**

# 碳访录 | 赵艾：实现"双碳"目标关键 在于推动生态文明建设体制机制的 改革创新

2020 年 9 月，中国明确提出"双碳"目标。当下，中国经济正在加快绿色转型。在这一背景下，财联社推出《碳访录》栏目，对话官员、企业家、学者等多个领域人士，为中国"双碳"之路建言献策。

中国实现碳中和目标面临哪些挑战？如何应对这些挑战？实现碳中和目标，如何处理好中央和地方的关系？围绕着这些问题，财联社采访了中国经济体制改革研究会常务副会长兼秘书长、国家发展改革委区域开放司（推进"一带一路"建设工作领导小组办公室）原司长赵艾。

在赵艾看来，中国实现碳中和目标面临着四个方面的挑战：高碳的能源结构、高碳的产业结构、绿色低碳技术创新不足、中高速的发展阶段对能源需求大。其中，中国在未来碳中和路径中面临最大的宏观挑战是其经济增长仍将保持较高的速度，但能源需求难以很快见顶。而应对这些挑战，关键还是在于推动生态文明建设体制机制的改革创新。

此外，赵艾还指出，各个地区资源禀赋不同，经济发展程度、产业布局也有区别。实现二氧化碳排放达峰，各地区肯定有先有后，要推进一些有条件的地方率先实现达峰。"东部经济比较发达的一些省市和西南部分地区有望率先实现碳达峰。"赵艾说。

**"碳中和面临的最大挑战是经济增长仍将保持较高速度，但能源需求难以很快见顶。"**

财联社：如何看待中国实现碳中和目标面临的挑战？

赵艾：大多数发达国家的碳排放已经达峰并进入下降通道，而中国碳排放还处在增长阶段。中国从碳达峰目标到碳中和目标之间只有大约 30 年的时间，可以说面临着更大的挑战。

我们首先面临的第一个挑战是高碳的能源结构。从能源供给侧看，碳中和目标要求能源供给结构以低碳能源为主。但据国家统计局数据显示，2021 年化石能源中碳排放因子最高的煤炭消费占比高达 56%，显著高于全球平均水平。此外，电力结构中燃煤发电占比也远高于全球平均水平和发达国家水平。要实现碳中和目标，必须进一步加大能源结构调整力度，加快发展低碳能源，显著优化电源结构，大幅提高电气化水平，实现能源结构重塑目标。

我们还有着高碳的产业结构。当前我国能源消费量接近全球的四分之一，但国内生产总值只占全球的 16%，单位国内生产总值能耗是美国的 22 倍、德国的 30 倍、日本的 27 倍，我国整体能源利用效率与发达国家相比还存在明显差距。单位国内生产总值能耗不仅与各领域节能技术水平相关，还与三次产业结构和产业内部结构相关，且后者对未来降低单位国内生产总值能耗的作用将越发凸显。当前，我国第二产业比重仍接近 40%，工业能耗占比高达 66%，其中高耗能工业占比超过 74%。要实现碳中和目标，亟须加快调整产业结构，大力推广节能技术，深度挖掘工业、建筑、交通等部门节能潜力，提升能源利用效率，推动能源消费总量得到合理控制。

第三个挑战是，绿色低碳技术创新不足。目前我国能源科技水平与世界科技强国之间以与能源加速转型要求相比，还有较大上升空间，比如：前沿性、原创性研发成果不足；部分核心技术、装备、零部件、材料等仍受制于人；部分创新活动与产业发展和市场需求脱节；企业创新能力较弱，创新动力不足，研发投入占比普遍较低；鼓励技术创新和成果转化的体制机制有待完善等。要实现碳中和目标，亟待进一步提升对技术创新的重视程度，加快能源技术研发、产业化、示范和推广。

从发展阶段看，我国经济增速仍将远高于发达国家，能源需求尚未达峰。中国在未来碳中和路径中面临最大的宏观挑战是其经济增长仍将保持较高的速度，但能源需求难以很快见顶。根据国际货币基金组织 IMF 的研究，发达国家目前平均经济增速约为 1%—2%，而中国的 5% 以上经济增速还将维持较长时间，经济增长也将带来能源需求总量上涨。另外，中国人均能源消费仍有较大的提升空间。2019 年中国人均一次能源消费量约为 OECD 国家的一半，人均用电量是 OECD 国家的 60%。此外，中国的人均居民用电量仅为 OECD 国家的 29%，随着现代化和城镇化进程的推进，居民用电需求仍将迎来大幅增长。

**"关键还是在于推动生态文明建设体制机制的改革创新。"**

财联社：要实现碳中和目标，如何应对刚提到的四方面的挑战？

赵艾：实现碳达峰碳中和不仅是场硬仗，还面临着极为复杂多变的内外部环境。如何规避风险、应对挑战，关键还是在于推动生态文明建设体制机制的改革创新。我觉得，体制机制改革要推动落实七个方面的重点任务：

首先要加强顶层设计和系统谋划。强化高效有序的碳达峰碳中和工作联动机制，加强碳达峰碳中和顶层设计，制定 2030 年前碳达峰行动方案和能源、钢铁、石化化工、建筑、交通等行业和领域实施方案，完善价格、财税、金融、土地、政府采购、标准等保障措施，形成部门协同、上下联动的良好工作格局。

还要深化电力体制改革，推动能源结构转型，构建清洁低碳安全高效能源体系。根据国家电网统计，我国碳排放主要是集中在三大领域：电力（41%）、建筑和工业（31%）、交通（28%）。电气化是碳中和的核心，而电力的绿色转型是实现碳中和的基础。因此，需要严控煤电项目，实施可再生能源替代行动，加快发展风电、太阳能发电，积极稳妥发展水电、核电，大力提升储能和调峰能力，构建以新能源为主体的新型电力系统和更具包容性、灵活性和促进绿色低碳发展的电力市场。

深化工业、建筑、交通等领域体制机制改革，推进产业结构优化调整。工业部门近一半的碳排放来自于生产水泥、钢铁、合成氨、化工等，碳中和目标下需要大力淘汰落后产能，化解过剩产能，遏制"两高"项目盲目发展；加快工业绿色低碳改造和数字化转型，提升建筑领域节能标准。加快形成绿色低碳运输方式。

深化科技体制改革，加强绿色低碳技术创新。通过科技领域体制改革，推动绿色低碳技术实现重大突破，加快推广应用减污降碳技术。加快建设一批国家科技创新平台，布局一批前瞻性、战略性低排放技术研发和创新项目，加强能效提升、智能电网、高效安全储能、氢能、碳捕集利用与封存等关键核心技术研发，加快低碳零碳负碳技术发展和规模化应用。建立完善绿色低碳技术评估、交易体系和科技创新服务平台。

推动体制机制改革，完善市场与监管机制。加快碳达峰碳中和市场机制创新发展，进一步加大金融服务市场改革，扩大碳中和业务领域的对外开放，推进低碳产品认证、绿色建筑认证、产品碳标签、碳交易市场建设，拓展资金来源，全面提升市场主体效率，激发市场主体活力，着力构建与实现碳达峰碳中和相适应的市场体系。加强碳中和监管机制改革建设，创新碳排放考核监管体系，强化监管落实，为碳中和工作开展创造良好发展环境。

强化绿色生态创新发展，巩固提升生态系统碳汇能力。强化国土空间规划和用途管控，有效发挥森林、草原、湿地、海洋、土壤、冻土的固碳作用，提升生态系统碳汇增量。

最后，还要加快扶持低碳新产业发展。在农业稳定、工业稳步的实体经济发展的前提下，与时俱进，谋篇布局低碳新产业，如信息产业、数字产业、未来智能产业的发展。制定鼓励、扶持政策，促进其发展，做好相应信息系统，把握发展态势。

**"不能相互攀比搞'运动式'减碳，不能不切实际、盲目压缩碳达峰时间。"**

财联社：实现"双碳"目标，如何处理好中央和地方的关系？中央层面和地方政府要做的工作有哪些侧重和区别？

赵艾：在中央层面，要加强顶层设计，做好统筹协调。着力建立完善与新发展格局相适应的生态环境保护制度体系，在生态文明体制改革顶层设计总体完成的基础上，充分有效发挥改革措施的系统性、整体性、协同性，有效激发地方政府内生动力。中央要承担好二氧化碳排放总量控制指标分配，使地区之间遵循"各尽所能"和"共同而有区别的责任"两个基本原则。

还要注重地方差异，分类分层次精准施策。每个地区资源禀赋不同，经济发展程度、产业布局也有区别。实现二氧化碳排放达峰，各地区肯定有先有后，要推进一些有条件的地方率先实现达峰。可能率先实现二氧化碳排放达峰的有两类地区：一类是东部经济比较发达的一些省市，经济转型比较领先，有条件在"十四五"期间实现二氧化碳排放达峰；另一类地区是西南部分地区，其可再生能源条件好，有很丰富的水电、风电、太阳能发电资源，可通过能源结构调整，由新能源的增长来满足能源需求，也可率先实现二氧化碳排放达峰。各地采取的减排路径、实现达峰的时间点，可能有所差别。要推进差别化、包容式的协调发展和协调减排，保证全国总体目标的实现。尤其要避免采取自上而下、层层分解任务的行政手段，避免减碳工作对经济生产造成不必要的干预。不能相互攀比，不能搞"运动式"减碳。而且不能急于求成，不能不切实际、盲目压缩碳达峰时间。

地方还应当加紧制定碳达峰行动方案，分区域、分部门、分行业设定差异化达峰目标。推进低碳示范区建设，推进低碳系列试点示范发挥引领带动作用，探索实行高碳企业清单管理，开展好新建项目碳排放影响评价，严控高耗能高排放行业扩大规模。地方要充分发挥好节能减排及应对气候变化工作领导小组的作用，生态环境部门要联合发改、经信、交通、住建、统计、能源等部门成立方案编制专班工作组，加强协调，形成部门之间分工方案，列出时间表和路线图，生态环境部门要发挥好跟踪调度通报的作用，等等。

（根据编著者 2022 年 8 月 3 日受财联社《碳访录》栏目邀请作"实现'双碳'目标关键在于推动生态文明建设体制机制的改革创新"为题的发言整理。）

# 后 记

　　深化体制机制改革、推动实现碳达峰碳中和是中国经济体制改革研究会的重要研究领域。近年来，作者作为该研究领域的主要负责人，组织开展了一系列相关研究，形成一系列研究成果。本书汇编了作者关于通过体制机制改革推进碳达峰碳中和、经济转型与绿色低碳发展等方面的部分研究成果，以及牵头开展的部分课题研究报告等。十分感谢首届诺贝尔可持续发展特别贡献奖获得者、中国气候变化事务特使、国家发展改革委原副主任解振华为本书作序。这方面的研究也得到中国经济体制改革研究会会长、国家发展改革委原副主任彭森等领导同志的关心、支持和指导。同时，得到国家发展改革委、生态环境部、国家能源局等部委相关司局的指导和支持。在此一并感谢。

　　全书内容包括：作者近年来在不同场合的部分演讲、牵头撰写的文章及作为首席专家指导的研究报告等。第一章主要是演讲、文章和《我国碳达峰碳中和的路径研究》研究报告的部分内容。第二章主要是作者作为首席专家具体指导，生态环保部等有关单位委托中国经济体制改革研究会所作研究报告的部分内容。第三章主要是作者作为首席专家并具体指导的研究报告的部分内容。

　　参与课题研究及相关文章与研究报告撰写的人员有：中国经济体制改革研究会"双碳"问题课题组的南储鑫、刘学军、傅国华、邱永辉、韩仲德；北京中竞同创集团公司的原晶、刘万添、陈思等；综合开发研究院（中国·深圳）的樊纲、郭万达、刘宇、龙隆、韦福雷、王倩、李春梅、毛迪等。

　　全书由胡玉平、南储鑫、韩仲德整理，南储鑫统稿，中国财政经济出版社的苏小珺同志作为责任编辑为本书的编辑出版做了大量的工作，在此对所有关心、指导、支持该项研究的领导、部门，以及参与该项研究和出版编辑相关工作的同志表示感谢。

赵艾

2022 年 12 月